볼 하나로 빠르고 간편하게 만드는

참 쉬운
원볼베이킹

볼 하나로 빠르고 간편하게 만드는
참 쉬운
원볼베이킹

펴낸날 초판 1쇄 2012년 11월 15일 ㅣ 초판 2쇄 2013년 12월 5일

지은이 슬픈하품 이지혜

펴낸이 임호준
이사 이동혁
편집장 김소중
편집 윤은숙 장재순 나정애 김민정 권지숙 임주하 이승민
디자인 이지선 왕윤경 ㅣ **마케팅** 강진수 김찬완 권소회
경영지원 나은혜 박석호 ㅣ **e-비즈** 표형원 이용직 유영경 배은지

기획 윤세미
인쇄 자윤프린팅

펴낸곳 비타북스 ㅣ **발행처** ㈜헬스조선 ㅣ **출판등록** 제2-4324호 2006년 1월 12일
주소 서울특별시 중구 태평로1가 61 ㅣ **전화** (02) 724-7636 ㅣ **팩스** (02) 722-9339
홈페이지 www.vita-books.co.kr ㅣ **블로그** blog.naver.com/vita_books

ISBN 978-89-93357-91-2 13590

볼 하나로 빠르고 간편하게 만드는

참 쉬운
원볼 베이킹

슬픈하품 이지혜 지음

비타북스

오늘부터 〈참 쉬운 원볼베이킹〉으로
행복의 순간을 모락모락 채워나가세요~

베이킹을 시작했을 때 처음으로 만든 것은 초코칩쿠키와 머핀이었어요. 밀가루 맛도 나고, 탄 맛도 나고, 울퉁불퉁 못생겼지만 그래도 직접 만들었기 때문에 맛있게 먹을 수밖에 없었던, 처음 그 설렘을 잊을 수 없어요. 홈베이킹을 만나고부터 저의 일상은 짧은 순간들이 모여 아름답고 풍요로워졌어요. 내가 좋아하는 재료를 넣어 만든 반죽을 내가 좋아하는 모양으로 커팅해서 오븐에 넣는 순간. 빵이 탐스럽게 부풀어 오르는 순간. 직접 만든 빵을 먹으며 여유로운 오후를 맞이하는 순간. 케이크 반죽을 어떻게 섞는지도 몰랐고 빵 모양을 어떻게 만들어야 하는지도 몰랐지만, 집에서 직접 내 손으로 빵을 만든다는 것은 앞으로 생활 속의 소소한 기쁨이 늘어만 간다는 것을 의미했지요.

하지만 그것도 잠시뿐이었습니다. 시중에서 쉽게 구할 수 없는 재료 때문에 각종 수입 사이트를 전전하느라 기운 빠지는 날이 늘어갔고, 홈베이킹에 필요한 온갖 도구로 부엌 찬장은 꽉 들어차버렸죠. 노력과 시간을 들여 레시피대로 만든 빵이 부풀지 않거나 맛이 없을 때는 절망에 빠지고 말았고요. 그러다가 주위를 둘러보면 부엌은 난장판이 되어 있고 설거지거리는 천장을 뚫을 기세로 쌓여 있곤 했어요. 금방이라도 무너져 내릴 것 같은 설거지더미를 보면서, '꼭 이렇게까지 힘들게 만들어야 하나'라는 생각에 한숨을 푹푹 쉬는 날이 늘어갔어요.

그러면서 빵을 만드는 복잡한 과정을 간소화해보자 결심했습니다. 블로그를 통해 제가 알고 있던 베이킹 레시피를 올리고, 그 레시피로 직접 만들어본 사람들의 목소리에 귀 기울였어요. 그 결과, 제가 잘못 알고 있던 부분도 있었고 고쳐야 할 점도 있었지요. 그렇게 수정하고 보완한 레시피가 바로 슬픈하품의 '원볼베이킹 레시피'랍니다. 초보자들도 쉽게 따라할 수 있을 정도로 과정이 자세하고 친절하며, 선물하고 싶을 정도로 맛있는 원볼베이킹 레시피를 이 책 한 권에 모두 담았어요.

빵을 만드는 실력이 능숙하지 않아 매번 실패하기 일쑤이거나, 복잡한 과정 때문에 오븐 위에 먼지만 쌓여가고 있는 여러분! 지금부터 〈참 쉬운 원볼베이킹〉과 함께 차근차근 도전해보세요. 우리 집 부엌을 나만의 작은 베이커리로 만들어나가면서, 사랑하는 사람들과 맛있는 빵을 나눠 먹으면서, 제가 느낀 행복의 순간을 자신의 것으로 만들어가길 바랍니다. 이 책을 통해 보고, 만들고, 나눠갈 여러분의 행복한 얼굴을 떠올리며 저는 오늘도 행복의 순간을 만들어가고 있습니다.

갓 구운 빵의 따뜻함이 생각나는 어느 가을 밤
슬픈하품 이지혜

Contents

Intro 제대로 알고 시작하는
원볼베이킹 기초 다지기

 **Part 1** 변함없이 사랑받는 기본
브레드

 **Part 2** 한 조각의 여유
쿠키

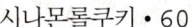

Part 3 나른한 오후의 티타임
머핀&스콘

Part 4 특별한 날의 선물
케이크&타르트

 **Part 5** 보통날의 행복
디저트

OneBowl baKing

 하나의 볼에 넣고, 섞고, 구우면 끝나는 아주 간단한 원볼
베이킹이라도 기초는 알고 시작해야 해요. 베이킹의 기본
상식을 모르고 있거나 레시피를 보면서 용어를 이해하지 못하면 실패
할 확률이 100퍼센트거든요. 일반적인 요리를 만드는 법과 빵 만드는
법은 다르기 때문에 재료부터 도구, 기초 상식까지 꼭 숙지해야 해요.
제가 전문적으로 빵을 배우며 얻은 경험과 블로그를 통해서 여러 사람
들과 나눈 지식을 한곳에 모아놓았어요. 레시피를 보기 전에 꼭 알아둬야
할 베이킹 기초 상식부터 빵을 만들 때 필요한 도구와 재료 소개, 600
만 방문자가 가장 궁금해 했던 질문과 그에 대한 답변, 베이킹에 대한
알짜 정보가 가득한 사이트 소개까지! 빵을 만드는 데 필요한 모든 것
을 조금 더 자세하고 꼼꼼하게 짚어놓았으니 꼭 읽어보세요.

Intro

🧁

제대로 알고 시작하는
원볼베이킹 기초 다지기

꼭 알아둬야 할 원볼 베이킹 기초 상식

베이킹 레시피에서 사용하는 용어는 일반적인 요리 레시피에서 사용하는 용어와 달라요. 베이킹은 약간의 오차만으로도 결과가 달라지기 때문에 기초 상식을 숙지하고 레시피대로 만들어야 실패를 줄일 수 있어요. 원볼베이킹을 만들 때 필요한 기초 상식을 한곳에 모아뒀으니 레시피를 보기 전 꼭 읽어보세요.

🧁 오븐 예열하기

빵을 굽기 전에는 반드시 예열 과정을 거쳐야 해요. 적어도 반죽을 넣기 10분 전에는 예열을 해둬야 알맞은 온도로 빵이 구워져요. 예열을 하지 않고 반죽을 넣는 경우, 오븐 온도가 알맞은 온도로 올라가는 시간이 있기 때문에 그 시간 동안은 반죽이 제대로 구워지지 않아요. 반죽을 넣기 10분 전에는 오븐 예열하기, 꼭 기억하세요.

🧁 버터와 달걀 준비하기

버터와 달걀은 실온에 30분~1시간 이상 꺼내둬서 차갑지 않은 상태로 준비해주세요. 버터와 달걀이 차가울 경우, 버터가 가진 기름의 성질과 달걀이 가진 물의 성질이 분리되면서 고루 섞이지 않아요. 단, 타르트 반죽을 만들 때는 버터를 차가운 상태로 준비해야 가루 재료와 고슬고슬하게 섞여요.

🧁 가루 재료 체에 내리기

밀가루나 아몬드가루, 코코아가루 등의 가루 재료는 뭉쳐 있는 경우가 더러 있기 때문에 한 번 이상 체에 내린 뒤 사용하는 것이 좋아요. 가루 재료를 체에 내리면 가루 속에 있던 불순물이 걸러지고, 입자 사이사이에 공기가 들어가기 때문에 다른 재료와 잘 섞여요. 또 빵이 부풀어 오르는 데 도움을 주기도 해요.

🧁 버터 크림화시키기

버터에 설탕과 소금을 섞고 저어가면서 풀어준 뒤 달걀을 풀어 조금씩 넣어가며 섞는 과정을 말해요. 거품기로 재료를 섞으면서 입자 사이사이에 공기를 넣으면 마요네즈처럼 매끄러운 상태가 돼요. 이 상태에서 가루 재료와 나머지 수분 재료를 넣어 구워내면 빵도 잘 부풀고 폭신폭신한 질감이 된답니다. 이 과정에서는 재료를 조금씩 넣어가며 거품기로 천천히 섞어주어 수분과 유분이 분리되지 않게 하는 것이 포인트랍니다. 수분과 유분이 분리되면 몽글몽글하게 변하니 주의하세요.

🧁 달걀 거품 만들기

달걀을 저어서 거품을 풍성하게 올리는 과정을 말해요. 달걀과 설탕을 섞은 뒤 볼 아래 따뜻한 물을 받쳐서 거품기로 저어 거품이 몽글몽글하게 올라오게 저어주세요. 손가락을 넣어보았을 때 따뜻한 정도여야 거품이 잘 생겨요. 지속적으로 저어줘야 하기 때문에 거품기보다는 핸드믹서로 젓는 게 편해요. 처음에는 고속으로 젓다가 거품이 풍성하게 올라오면 중속으로 줄인 뒤 거품에 농도가 생기면 저속으로 줄여주세요. 거품을 떨어뜨려보았을 때 거품이 지그재그로 떨어지면 달걀 거품이 완성된 거예요. 풍성한 달걀 거품은 빵을 폭신폭신하고 매끄럽게 만들어준답니다.

🧁 머랭 만들기

머랭은 보통 시폰케이크, 치즈케이크 등 질감이 부드럽고 가벼운 느낌의 케이크를 만들 때 반죽에 넣어 사용해요. 달걀흰자에 설탕을 조금씩 넣어가며 거품기나 핸드믹서로 저어서 거품을 풍성하게 내서 사용하는 게 특징이에요. 거품을 들어보았을 때 반죽이 딸려 올라오며 삼각 모양의 뿔이 생기면 완성이에요. 뿔이 뾰족하게 설 정도의 단단한 머랭은 주로 시폰케이크 등 폭신폭신한 케이크의 반죽을 만들 때 사용해요. 뿔이 축 처지는 정도의 부드러운 머랭은 주로 치즈케이크 등 입자가 곱고 촉촉한 케이크의 반죽을 만들 때 사용해요. 머랭을 만들 때는 달걀흰자에 달걀노른자가 절대 섞이지 않도록 잘 분리해야 해요. 달걀흰자에 달걀노른자가 섞이면 달걀노른자의 레시틴 성분이 거품이 생기는 것을 방해해요.

단단한 머랭

부드러운 머랭

🧁 생크림 휘핑하기

완성된 케이크에 바르거나 빵과 빵 사이에 샌드하는 생크림은 차가운 상태여야 해요. 생크림을 넣은 볼 아래에 얼음물을 받친 뒤 설탕을 조금씩 넣어가며 거품기나 핸드믹서로 거품이 풍성하게 올라올 때까지 저어주세요.

🧁 중탕으로 녹이기

커버추어 초콜릿이나 생크림, 버터 등을 녹일 때 재료를 넣은 볼 아래 따뜻한 물을 받친 뒤 저어가며 녹이는 과정을 말해요. 이때 주의할 점은 절대 직화로 녹이지 말고 따뜻한 물로 중탕해 천천히 녹여야 한다는 점이에요. 특히 초콜릿의 경우, 직화로 녹이게 되면 쉽게 타버리니 꼭 주의해주세요.

🧁 템퍼링하기

템퍼링은 커버추어 초콜릿을 녹여 매끈하고 광택이 나는 상태로 만드는 것을 말해요. 템퍼링되지 않은 상태에서 녹여 사용했을 때는 잘 굳지 않고 표면에 광택도 나지 않아요. 템퍼링할 때는 온도가 가장 중요한데 커버추어 다크초콜릿과 커버추어 화이트초콜릿은 템버링하는 온도가 달라요. 커버추어 다크초콜릿에 비해 커버추어 화이트초콜릿이 더 열에 약하기 때문에 비교적 낮은 온도에서 템퍼링해야 해요. 커버추어 다크초콜릿의 경우 볼 아래 따뜻한 물을 받쳐 천천히 저어가며 45~50℃로 올린 뒤, 찬물을 볼 아래 받쳐 천천히 저어가며 27℃로 내려주세요. 그 다음 따뜻한 물을 볼 아래 받쳐 천천히 저어가며 30℃로 올려주세요. 커버추어 화이트초콜릿의 경우 온도를 35~40℃로 올린 뒤, 25~26℃로 내렸다가 다시 28℃로 올려주세요.

커버추어 다크초콜릿

커버추어 화이트초콜릿

🧁 발효시키기

빵을 만들 때는 발효시키는 과정이 꼭 필요해요. 빵을 발효시키는 이스트는 생 이스트, 드라이이스트, 인스턴트 드라이이스트 등이 있는데, 이 책에서는 시중에서 쉽게 구할 수 있고 물에 불리지 않아도 되는 인스턴트 드라이이스트를 사용했어요. 발효시킨 반죽은 글루텐이 생성되어 쫀득쫀득하고 결이 살아 있어요. 보통 강력분이나 박력분으로 빵을 만들 때는 1차 발효, 중간 발효, 2차 발효의 3단계 과정을 거쳐요. 1차 발효시킬 때는 반죽이 담긴 볼 아래에 60~70℃의 따뜻한 물을 넣은 볼을 받쳐 반죽의 온도를 30~40℃로 맞춘 뒤 전체적으로 랩을 덮어 발효시켜요. 1차 발효시킨 반죽은 눌러서 가스를 뺀 뒤 성형해서 중간 발효의 과정을 거쳐요. 중간 발효시킬 때는 겉에 랩을 덮어 표면이 마르지 않도록 해주세요. 중간 발효시킨 반죽도 1차 반죽과 마찬가지로 가스를

뺀 뒤 2차 발효의 과정을 거쳐요. 2차 발효시킬 때는 60~70℃의 따뜻한 물을 넣은 스
티로폼 상자에 넣거나, 30~40℃로 예열한 오븐에 넣어 발효시키는 게 가장 좋아요.

발효시키기 전

1차 발효시킨 반죽

중간 발효시킨 반죽

2차 발효시킨 반죽

🧁 가스 빼기

1차 발효와 중간 발효가 끝나면 반드시 가스를 빼야 해요. 발효시키는 동안 반죽 안에
차 있던 탄산가스가 빠지고 새로운 공기가 들어가면서 이스트가 활성화되어 글루텐이
생성돼요. 가스를 빼지 않게 되면 빵을 구웠을 때 기공이 커지고 결이 거칠어져요. 1차
발효시킨 반죽은 볼에서 꺼내지 말고 그대로 표면을 눌러 가스를 빼면 돼요. 1차 발효시
킨 반죽의 가스를 뺀 뒤 원하는 모양으로 반죽을 성형하고 중간 발효시켜요. 중간 발효
가 끝난 반죽은 성형한 모양을 그대로 살려서 가스를 빼는 게 좋아요. 동그랗게 빚어 성
형한 반죽의 경우 바닥에 반죽을 놓고 공을 굴리듯 둥글려서 동그랗게 모양을 잡아가며
가스를 빼주세요.

🧁 휴지시키기

반죽을 한 덩어리로 뭉쳐서 비닐에 넣고 평평하게 눌러준 뒤 1시간 정도 냉장해 안정시키는 과정을 말해요. 특히 타르트 반죽의 경우 반드시 휴지시키는 과정을 거쳐야 반죽을 밀대로 밀었을 때 원하는 모양으로 만들 수 있고, 굽고 난 후에도 모양이 변형되지 않아요.

🧁 반죽 밀기

휴지시킨 반죽을 밀 때는 바닥에 덧가루를 뿌리고 밀어야 반죽이 바닥에 들러붙지 않아요. 반죽을 밀 때 사용하는 덧가루는 뭉침이 적은 강력분으로 사용하는 게 좋고, 덧가루를 뿌리는 대신 랩을 깔아두면 뒷정리가 간단해서 좋아요. 타르트 반죽이나 파이 반죽은 밀대로 민 뒤에 여러 번 겹치는 과정을 반복하기 때문에 반죽 자체에 덧가루가 많이 묻어 있으면 굽고 난 뒤에도 생 밀가루 맛이 많이 나요. 또 밀대로 미는 과정에서 반죽이 갈라지기 쉬워요. 이럴 때는 붓으로 덧가루를 털어내고 구워주세요.

🧁 중탕으로 굽기

치즈케이크나 푸딩을 구울 때 주로 사용하는 방법으로, 타지 않고 촉촉하게 구울 수 있어요. 반죽을 넣은 틀에 따뜻한 물을 넣은 오븐팬 위에 올려 구워주는 방법을 말합니다.

꼭 알아둬야 할 원볼베이킹 도구

볼

재료를 섞어 반죽을 만들 때 사용하는 도구로 크기별로 있으면 편리해요. 달걀을 풀 때 사용하는 작은 크기의 볼, 일반적인 양의 반죽을 섞을 때 사용하는 중간 크기의 볼, 더 많은 양의 반죽을 섞을 때 사용하는 커다란 크기의 볼 등 세 가지 정도로 구비해두면 좋아요. 흠집이 덜 나고 가볍고 튼튼한 스테인리스 재질이나 전자레인지 사용이 가능한 내열유리 재질이 좋아요.

저울

재료의 양이 정확해야 하는 베이킹에서 없어서는 안 될 도구예요. 많은 양이 들어가는 가루 재료를 계량할 때 사용해요. 눈금저울보다는 전자저울을 사용하는 게 편리해요. 1g의 미량도 정확히 계량되는 전자저울이 시중에 많이 나와 있으니 베이킹을 시작하기 전 꼭 구비해두세요.

계량컵, 계량스푼

계량컵과 계량스푼도 저울과 마찬가지로 정확한 계량을 위해 필요한 도구예요. 소량으로 들어가는 가루 재료인 베이킹파우더나 소금을 계량할 때 계량스푼을 사용해요. 우유, 물, 오일 등 액체 재료를 계량할 때는 계량컵을 사용해요. 계량스푼의 경우 1.25㎖, 2.5㎖, 5㎖, 15㎖ 단위로 나와 있는 것이 편리해요.

체

베이킹을 할 때는 반드시 가루 재료를 한 번 이상 체에 내려 사용해야 해요. 체에 내리는 과정에서 가루 재료에 공기 포집이 잘되고 불순물을 걸러내는 역할도 하거든요. 크림 등의 입자를 곱게 만들기 위해 사용하기도 하니 너무 촘촘하거나 성기지 않은 것으로 구비해주세요.

주걱

볼에 넣은 재료를 고루 섞거나 볼에 붙어 있는 반죽을 깨끗하게 긁어 정리할 때 사용하는
도구예요. 고무 소재보다는 내열성이 있는 실리콘 주걱을 사용하면, 뜨거운 재료를 저을 때
도 사용할 수 있어서 실용적이에요.

거품기

버터를 크림화하거나 달걀 거품을 올리는 등, 재료의 입자에 공기를 넣어가며 섞을 때 사용
하는 도구예요. 거품기는 오래 젓는 과정에서 사용하는 경우가 많기 때문에 되도록 손잡이
가 편한 게 좋아요. 거품기의 날이 여러 개여야 거품을 올릴 때 편리해요.

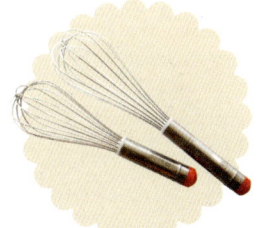

핸드믹서

재료를 고루 섞거나 거품을 풍성하게 올릴 때 사용해요. 재료를 오랫동안 저어야 하는 경우
팔이 아플 수 있기 때문에 핸드믹서를 사용하면 훨씬 쉽고 빠르게 재료를 저을 수 있어요.

식힘망

구워낸 빵이나 쿠키, 케이크 등을 식힘망에 받쳐 식히면 구멍 사이로 공기가 오가면서 잔열
로 인해 타거나 눅눅해지는 것을 막는 역할을 해요. 작은 크기의 쿠키 등이 떨어지지 않도
록 적당히 촘촘하고, 통풍이 잘되도록 높이가 있는 것을 사용하는 게 좋아요.

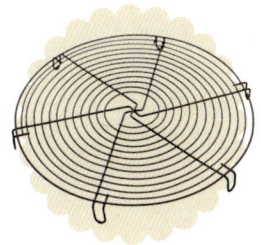

스크래퍼, 스패튤라
스크래퍼는 가루 재료와 버터를 고루 섞을 때나 반죽을 자를 때 사용하는 도구예요. 플라스틱 소재로 된 스크래퍼가 저렴하지만 스테인리스 소재로 된 스크래퍼를 사용하는 편이 위생적이에요. 스패튤라는 케이크에 생크림을 바르거나 반죽을 고르게 펼 때 사용하는 도구예요. 날 부분이 긴 것이 사용하기 편리해요.

밀대
쿠키 반죽이나 타르트 반죽 등을 밀 때 사용하는 도구예요. 나무 재질로 된 것과 플라스틱 재질로 된 것이 있는데, 나무 재질로 된 것은 반죽이 달라붙지 않게 덧가루를 묻혀 사용하는 게 좋아요. 나무에 물이 스며서 썩을 수 있기 때문에 사용 후 깨끗이 세척해서 잘 말려 보관해야 해요. 플라스틱 재질로 된 것은 덧가루를 묻히지 않아도 반죽이 달라붙지 않아서 좋아요.

붓
틀에 버터를 바르거나 반죽에 달걀을 바를 때, 반죽에 묻은 덧가루를 털어낼 때, 완성된 케이크 위에 시럽이나 나빠주를 바를 때 사용하는 도구예요. 실리콘 소재로 된 것은 뜨겁고 끈적이는 재료를 바를 때 쉽게 세척할 수 있어 좋아요. 털 소재로 된 것은 모가 가늘어 덧가루를 털어내거나 달걀물을 바를 때 사용하면 좋아요.

케이크틀
케이크를 만들 때 가장 많이 사용하는 원형틀은 사이즈별로 1~2개 정도 구비해두면 좋아요. 밑판이 분리되거나 코팅된 재질로 사용하면 좀 더 편리해요. 코팅된 재질이 아닌 경우 유산지를 깔고 사용하면 좋아요. 원형틀 외에도 다양한 모양의 틀과 파운드케이크를 굽는 전용 파운드틀도 있어요.

무스틀
밑면이 없는 게 특징이며 주로 케이크를 쌓을 때 모양이 흐트러지지 않도록 사용하거나 무스케이크를 만들 때 사용해요. 간혹 치즈케이크도 무스틀에 굽는 경우가 있지만, 밑면이 없기 때문에 밑면을 쿠킹호일로 두세 번 감싼 뒤 유산지를 깔고 구워야 중탕으로 굽는 동안 물이 스미지 않아요.

쿠키틀

쿠키 반죽에 다양한 모양을 낼 때 사용하는 도구예요. 쿠키틀은 세척 후 물기를 잘 말려서 보관해야 녹이 슬지 않아요. 키친타월이나 마른 수건으로 물기를 닦아 보관하거나 빵을 굽고 난 오븐에 남은 여열로 물기를 말려서 보관해주세요.

그 밖의 다양한 틀

다양한 모양의 전용틀을 사용하면 별다른 장식 없이도 예쁜 빵을 만들 수 있어요. 머핀틀은 지름 5cm, 마들렌틀은 6~7cm 길이, 타르트틀은 지름 21cm, 시폰케이크틀은 지름 17cm, 구겔호프틀은 지름 15cm를 사용했어요. 틀 자체에 굴곡이 있기 때문에 유산지를 깔지 않고, 버터를 바른 뒤 밀가루를 입혀 사용해야 빵을 깔끔하게 분리할 수 있어요.

짤주머니, 깍지

반죽이 되직해서 쿠키틀이나 손으로 성형할 수 없을 때 짤주머니를 사용해요. 짤주머니에 원하는 모양의 깍지를 낀 뒤 반죽을 넣고 오븐팬 위에 원하는 모양으로 짜면 돼요. 짤주머니는 천 재질로 된 것과 비닐 재질로 된 것이 있는데, 천 재질로 된 것은 천 자체의 힘이 있어 되직한 반죽을 넣어 짜기 좋아요. 짤주머니가 없는 경우 유산지를 잘라 고깔 모양으로 만들어 사용하기도 하지만 원하는 양이나 모양으로 짜기 어렵다는 단점이 있어요. 깍지는 크기와 모양이 다른 것들을 여러 개 갖춰놓으면 다양한 모양의 쿠키를 만들 수 있어요.

누름돌

파이지나 타르트지를 구울 때 반죽이 굽는 동안 부풀어 오르지 않도록 얹는 도구예요. 차갑게 보관한 반죽 윗면에 유산지를 부드럽게 비벼서 깔고 누름돌을 가득 채워 구워주면 좋아요. 누름돌은 제과제빵 재료판매상에서 팔고 있는 전용 누름돌을 구입하거나 쌀, 마른 콩을 얹어서 사용해도 돼요.

유산지

오븐팬이나 틀에 맞게 잘라 깔고 반죽을 부어 구우면 쿠키나 케이크가 빨리 타거나 눌어붙는 것을 방지하는 도구예요. 반드시 요리용이나 베이킹용으로 나온 유산지 또는 종이호일을 사용하는 것이 좋아요.

꼭 알아둬야 할 원볼베이킹 재료

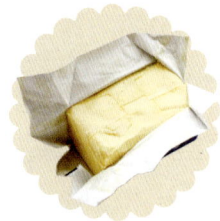

버터(유지)
홈베이킹을 만드는 데 있어 기본이 되는 재료인 버터는 소금이 첨가되지 않은 무염버터를 사용하는 것이 좋아요. 트랜스지방이 많은 마가린이나 쇼트닝을 사용하기보다는 100% 우유버터를 사용하세요.

달걀
달걀은 너무 작거나 큰 것보다는 중간 정도 크기로 껍질째 계량했을 때 60g 정도 되는 달걀을 기본적으로 사용했어요. 대부분 달걀은 냉장고에 보관하기 때문에 반죽을 만들기 30분~1시간 전에 미리 실온에 꺼내두는 것이 좋아요. 하지만 머랭을 만들 때 사용하는 달걀흰자는 차게 보관해서 사용하는 게 좋아요.

설탕, 슈가파우더
반죽을 구웠을 때 맛뿐 아니라 색감이나 질감에도 영향을 주는 설탕은 없어서는 안 되는 기본 재료 중 하나예요. 만드는 종류에 따라서 황설탕, 흑설탕을 사용하기도 하며 정제를 하지 않아 건강에 좋은 유기농 설탕을 사용해도 좋아요. 슈가파우더는 설탕을 곱게 빻은 가루로 입자가 고와 가루 재료와 고루 섞여요. 반죽에 슈가파우더를 넣으면 바삭한 쿠키를 만들 수 있어요.

밀가루
홈베이킹의 모양을 만들어주는 주된 재료인 밀가루에는 글루텐 함량에 따라 강력분, 중력분, 박력분 세 가지 종류가 있어요. 주로 빵에는 글루텐 함량이 많은 강력분을, 쿠키를 만들 때는 글루텐 함량이 가장 적은 박력분을 사용해요. 건강을 위해서 우리밀이나 유기농밀가루를 사용해도 좋아요.

옥수수전분
'콘스타치'라고도 부르는 옥수수전분은 반죽에 넣었을 때 다양한 역할을 해요. 치즈케이크에 넣으면 반죽을 뭉쳐주는 역할을 하고, 쿠키에 넣으면 좀 더 가볍고 바삭한 질감을, 케이크에 넣으면 부드럽고 가벼운 질감을 만들어줘요. 아주 소량일 경우에는 박력분으로 대체해서 사용해도 괜찮아요.

코코아가루, 녹차가루, 아몬드가루

코코아가루와 녹차가루는 특유의 맛과 색을 갖고 있기 때문에 가루 재료와 함께 반죽에 넣어 다양하게 활용할 수 있어요. 코코아가루는 되도록 카카오 함량이 높아 색이 선명하고 설탕이나 분유가 첨가되지 않은 것으로 사용하는 게 좋아요. 녹차가루 역시 색이 선명한 것으로 사용하는 게 좋아요. 녹차가루 대신 말차가루를 사용하면 색이 더 선명해진답니다. 아몬드가루는 고소한 풍미를 위해 사용하는 재료예요.

팽창제

반죽을 부풀리는 역할을 하는 팽창제에는 쿠키나 케이크에 사용하는 베이킹파우더와 베이킹소다가 있으며 발효빵을 만들 때 사용하는 이스트가 있어요. 특히 이스트에는 생이스트, 드라이이스트, 인스턴트 드라이이스트의 세 가지 종류가 있는데, 이 책에서는 물에 개어서 사용하지 않아도 되는 인스턴트 드라이이스트를 사용했어요.

생크림

우유의 유지방으로 만들어진 크림으로 생크림 케이크를 만들거나 머핀, 파운드케이크 등을 만들 때 부드럽고 진한 맛을 내기 위해 넣는 재료예요. 유지방 함량이 높을수록 좋으며 생크림 느낌으로 가공된 식물성 휘핑크림도 있지만 되도록 맛을 위해 유지방 무가당 생크림으로 사용해주세요.

초콜릿

반죽 속에 중탕으로 녹여 넣거나 초콜릿을 만들 때, 기나슈를 만들 때 사용하는 재료예요. 되도록 가공되지 않은 제과용 커버추어 초콜릿을 사용하는 것이 좋지만, 커버추어 조콜릿을 구하지 못했을 경우 시판 초콜릿을 사용해도 괜찮아요. 시판 초콜릿을 사용하는 경우에는 되도록 카카오 함량이 높고 설탕이나 분유가 덜 들어간 것으로 사용하세요.

럼주, 각종 리큐르

술의 일종인 럼주와 리큐르는 잡냄새를 잡아주는 역할을 하기도 하며 때에 따라서는 풍미를 풍부하게 만들어주기도 해요. 각종 향이 첨가된 리큐르를 소량씩 구입해 사용하는 것도 좋지만, 부담스럽다면 럼주 하나만 구입해서 리큐르 대신 넣어주세요.

바닐라

바닐라빈, 바닐라설탕, 바닐라오일 등을 반죽에 넣으면 바닐라 향을 낼 수 있어요. 바닐라빈은 반으로 갈라 씨 부분만 긁어서 사용해요.

600만 방문자가 묻고 슬픈하품이 답하다

슬픈하품은 2005년부터 블로그를 시작하면서 사람들에게 보다 쉬운 베이킹 레시피를 제공하려 노력해왔어요. 그 동안 블로그 이웃이나 방문자들이 가장 많이 묻고 궁금해 했던 질문, 초보자이기 때문에 궁금할 수밖에 없었던 기본적인 질문만 모아두었으니 헤매지 말고 처음부터 차근차근 시작해보세요.

🧁 쿠키나 케이크를 만들 때 소금을 꼭 넣어야 하나요?

대부분의 빵을 만들 때 들어가는 소금은 '약간' 정도의 미량으로, 엄지와 검지로 집었을 때 손에 집힌 양을 말해요. 1g도 되지 않는 미량이지만, 모자란 간을 맞춰주고 전체적으로 감칠맛이 나게 만들어줘요. 특히 브레드를 만들 때는 설탕이 적게 들어가기 때문에 소금의 역할이 아주 중요해요. 소금의 양이 적다고 해서 아예 넣지 않으면 구워냈을 때 맛의 차이가 느껴진답니다.

🧁 설탕이나 버터는 몸에 좋지 않을 것 같은데 양을 줄여서 만들어도 될까요?

설탕과 버터는 쿠키나 케이크의 질감, 색, 부피 등에 커다란 영향을 주는 중요한 재료예요. 되도록 레시피대로 만드는 것이 실패를 줄이는 방법이지만, 건강을 위해서 양을 줄이고 싶다면 10% 정도만 줄여서 만들어주세요. 10% 이상 줄여서 만들면 실패할 확률이 높으니 주의하세요. 양을 줄이지 못하겠다면 재료를 바꿔 사용하는 것도 방법이에요. 백설탕 대신 당 성분의 흡수율을 줄인 자일로스 설탕이나 미네랄이 풍부한 유기농 설탕을 사용하는 것도 좋아요. 메이플시럽도 건강에 좋다는 이유로 설탕 대신 많이 사용하지만, 액체 재료이기 때문에 다른 재료와 섞었을 때 반죽이 질어질 수도 있어서 실패 확률이 높아져요.

🧁 초콜릿을 템퍼링하다가 물이 들어갔어요! 아깝지만 버려야 할까요?

커버추어 초콜릿을 템퍼링할 때 수증기나 물이 들어가면 광택이 나지 않고 얼룩이 생겨요. 템퍼링이 잘못된 초콜릿은 보기에는 안 좋아도 맛은 달라지지 않아요. 실수로 물이 들어갔을 경우에는 버리지 말고 초콜릿을 보관해두었다가 가나슈를 만들 때 사용하세요. 가나슈를 만들어 템퍼링이 잘된 초콜릿으로 덮어주거나 생초콜릿을 만들거나 녹여서 반죽 속에 넣으면 알뜰하게 활용할 수 있답니다.

🧁 타르트 반죽을 밀 때 왜 자꾸 갈라질까요?

휴지시키기 전에 반죽을 너무 많이 치댔거나, 타르트 반죽을 너무 짧은 시간 휴지시켜 안정이 덜 됐거나, 냉장해 휴지시킨 반죽을 냉장고에서 꺼내자마자 바로 밀었을 때 나타나는 현상이에요. 휴지시키기 전 반죽을 치댈 땐 두세 번 정도 재빨리 손바닥으로 으깨서 뭉쳐야 해요. 뭉친 반죽은 비닐에 넣어 1시간 정도만 휴지시키고, 휴지가 다 되면 꺼내자마자 바로 밀지 말고 밀대로 살살 두들기거나 손으로 살짝 눌러준 뒤 밀어주세요. 반죽을 밀 때 덧가루를 너무 많이 사용해도 반죽이 갈라질 수 있으니 반죽에 묻은 덧가루는 붓으로 털어낸 뒤 구워주세요.

🧁 가나슈를 만들 때 몽글몽글 분리되는 이유가 뭘까요?

초콜릿은 다루기 까다로운 재료이기 때문에 온도를 신경 써서 만들어야 해요. 중탕으로 초콜릿을 녹이는 과정에서 초콜릿을 담은 볼 아래 끓는 물을 받쳐 녹인다거나, 초콜릿에 생크림을 섞는 과정에서 생크림을 팔팔 끓는 정도로 끓여 넣으면 기름층이 위로 떠오르는 분리 현상이 발생해요. 중탕으로 초콜릿을 녹일 때는 손가락을 넣어봤을 때 따뜻한 정도로 데워서 사용하세요. 초콜릿에 섞는 생크림은 손가락을 넣어봤을 때 살짝 뜨거운 정도로 끓어오르기 직전까지만 데워서 사용하세요.

🧁 파운드케이크가 왜 평평하게 구워졌을까요?

파운드케이크는 표면이 봉긋하게 부풀어 올라야 잘된 완성품이라고 볼 수 있어요. 표면이 평평하게 구워진 이유는 반죽이 묽어졌기 때문이에요. 버터와 설탕을 섞을 때는 버터 색이 뽀얗게 되도록 천천히 섞은 다음, 달걀을 풀어 조금씩 넣어가며 섞어야 각각의 재료가 분리되지 않고 반죽이 묽어지지 않아요.

🧁 레시피에 적혀 있는 온도와 시간대로 구웠는데 자꾸만 타는 이유가 뭘까요?

같은 브랜드의 오븐이라도 열의 세기가 조금씩 차이나는 경우가 있어요. 오븐을 여러번 사용해보면서 우리 집 오븐의 열이 어느 정도인지 감을 익히는 게 중요해요. 빵을 구울 때는 레시피에 적혀 있는 온도로 예열해두고 가끔씩 오븐을 들여다보며 빵이 어느 정도 익었는지 확인해주세요. 시간이 아직 덜 됐는데도 빵의 색이 사진보다 진해져 있거나 탄 냄새가 나는 것 같으면 레시피에 적혀 있는 온도보다 5~10℃ 내려서 구워주세요. 빵의 한쪽만 색이 진해져 있다면, 색이 옅은 쪽을 진해져 있는 쪽으로 옮겨서 구워주세요.

🧁 빵을 만들었는데 파는 것보다 딱딱한 이유가 뭘까요?

홈베이킹의 경우 베이커리 전문점에서 파는 빵보다 더 빨리 마르고 딱딱해져요. 베이커리 전문점에서 오랫동안 진열해놓기 위해 빵에 화학첨가물을 넣는 경우가 있는데, 홈베이킹의 경우 화학첨가물을 넣지 않기 때문에 더 빨리 마르고 딱딱해지죠. 그 외에도 반죽의 상태가 너무 되직하거나 발효가 제대로 안 됐을 경우, 오븐에서 너무 오래 구웠을 경우 등 빵이 딱딱해지는 이유는 여러 가지예요. 집에서 만들어 먹는 빵은 많은 양을 만들어 오랫동안 두고 먹는 것보다는 그때그때 만들어 먹는 것이 제일 좋아요. 그렇지 못한 경우 밀봉해서 냉동해두었다가 먹기 전에 꺼내서 자연 해동시키는 것이 가장 좋아요. 파운드케이크, 머핀, 마들렌, 피낭시에는 밀폐용기에 넣어 하루 정도 실온에 두었다가 먹어야 더 촉촉해요.

🧁 스콘이나 머핀을 구웠는데 왜 쓴맛이 날까요?

재료가 제대로 섞이지 않아 특정 재료가 한 부분에 뭉쳐 있는 경우 그대로 구워냈을 때 쓴맛이 나요. 특히 베이킹파우더는 다른 가루 재료보다 소량만 들어가고 무거운 특성을 갖고 있기 때문에 뭉치기 쉬워 다른 가루 재료와 함께 한 번 이상 체에 내려서 사용해야 해요. 스콘, 머핀뿐만 아니라 베이킹파우더가 들어가는 모든 빵은 만들 때 꼭 가루 재료를 체에 내려 사용해야 해요.

🧁 럼이나 리큐르는 소량만 넣어서 각 향별로 구입하기 부담스러운데 꼭 넣어야 하는 건가요?

럼이나 리큐르는 빵의 풍미를 더욱 풍부하게 만드는 역할을 하는데, 소량만 넣는 경우에는 생략해도 빵을 만드는 데 큰 무리가 없어요. 럼이나 리큐르를 넣지 않는다고 해서 빵이 부풀지 않는다거나 질감이 달라지는 일은 없어요. 여러 가지 향의 리큐르를 구입하는 것이 부담스러울 때는, 적은 용량의 럼주를 사서 대체하거나 넣지 않아도 돼요.

슬픈하품의 즐겨찾기

이홈베이커리 www.ehomebakery.com
홈베이킹 초보자들이 이용하면 좋을 만한 베이킹 재료 도구 사이트.

필립스 마이키친 홈페이지 www.philips.co.kr/kitchen
푸드프로세서에 관한 정보나 다른 여러 가지 필립스 제품에 관한 내용도 살펴볼 수 있으며 다양한 요리
레시피를 만나볼 수 있는 사이트.

호시노앤쿠키스 www.hosino.co.kr
일본 수입 소품이나 아지자기한 일본 베이킹 포장 용품이 구비되어 있는 사이트.

스위트팩 www.sweetpack.co.kr
홈베이킹 포장재료를 판매하는 사이트.

그릇장속 이야기 www.annstudio.co.kr
예쁜 그릇을 판매하고 있는 사이트. 수입 그릇과 우리나라 선통 분위기를 살린 정갈한 여러 가지 그릇을
판매하고 있는 사이트.

캘리포니아 건포도 홈페이지 www.rackorea.com
홈베이킹에 자주 사용하는 건포도에 관한 정보와 건포도를 활용하는 레시피를 접할 수 있는 사이트.

뉴질랜드 단호박 홈페이지 www.freshdanhobak.co.kr
단호박을 활용하는 홈베이킹 레시피를 접할 수 있는 사이트.

올리커 리큐르 홈페이지 www.all-liquor.co.kr
베이킹에 자주 사용하는 럼주나 다양한 리큐르 제품들의 정보를 살펴볼 수 있는 사이트.

일반적으로 즐겨 먹는 식빵, 단팥빵, 버터롤 등 기본적인 빵 반죽을 이용해 만드는 모든 빵류를 한곳에 모았어요. 특히 기본적으로 사용하는 빵 반죽은 우유식빵 부분에 자세히 소개해 놨으니 레시피를 참고해 다양한 빵을 만들어보세요. 빵 반죽을 만들 때는 이스트를 넣기 때문에 1차 발효, 중간 발효, 2차 발효의 과정을 거쳐야 해요. 반죽을 치댄 뒤 버터를 바른 볼에 넣고 1차 발효를 시키고, 반죽이 두 배 이상 부풀어 오르면 성형을 해서 중간 발효를 시켜주세요. 중간 발효가 끝나고 반죽이 두 배 이상 부풀어 오르면 구워낼 틀에 넣고 2차 발효를 시켜주세요. 중간 중간에 가스를 빼는 것도 잊지 마세요. 꼭 따뜻한 실온에서 발효시켜주고요. 하나의 볼만 있으면 얼마든지 만들 수 있는 간편한 브레드, 꼭 만들어보세요.

Part 1

변함없이 사랑받는 기본
브레드

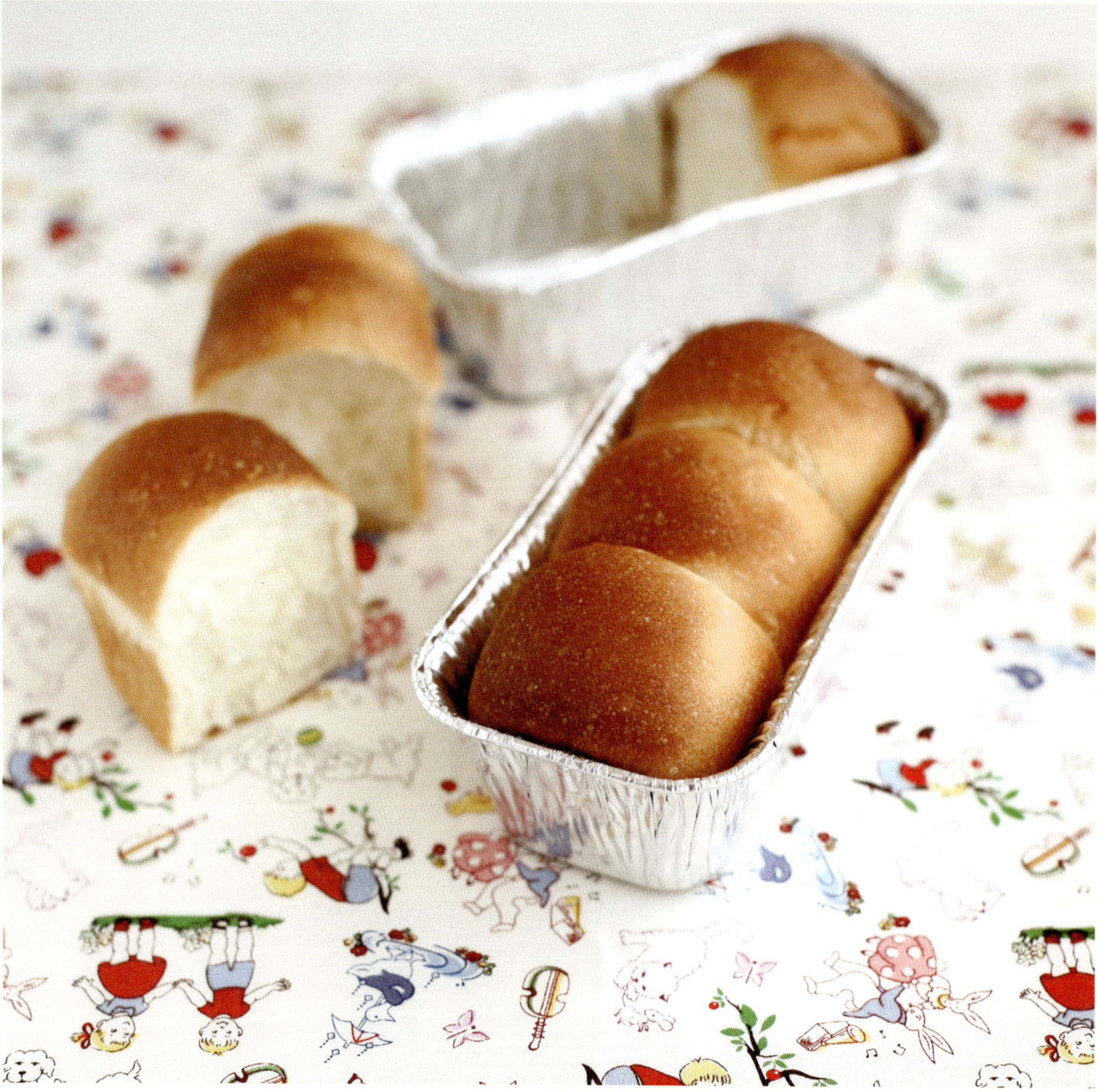

우유식빵

바쁜 아침이나 늦은 밤에, 빠르고 간단하게 허기를 없애주는 우유식빵을 소개할게요. 만드는 과정
을 잘 익혀두면 다른 종류의 빵을 만들 때 요긴하게 응용할 수 있으니 잘 따라해보세요.

Ready {15×7cm 은박틀 크기 2개}

강력분 160g, 설탕 20g, 인스턴트 드라이이스트 2.5g, 소금 2g, 버터 16g, 우유 105~110㎖
분량 외 재료 볼과 틀에 바를 버터 약간, 반죽을 밀 때 바닥에 뿌릴 덧가루 약간

가루 재료 넣기 강력분을 체에 내려 볼에 넣고 설탕과 인스턴트 드라이이스트를 넣은 뒤 인스턴트 드라이이스트와 닿지 않게 소금을 넣고 섞어주세요.

가스 빼기 1차 발효시킨 반죽이 두 배 이상 부풀어 오르면 눌러 가스를 빼주세요. TIP 2

우유 넣기 가루 재료가 고루 섞이면 우유를 넣고 섞어 한 덩어리로 뭉쳐 반죽을 만들어주세요.

중간 발효시켜 가스 빼기 반죽을 꺼내 6등분해서 동그랗게 모양을 잡아 랩으로 덮어 10~15분간 중간 발효시킨 뒤 동그랗게 모양을 잡아가며 가스를 빼주세요.

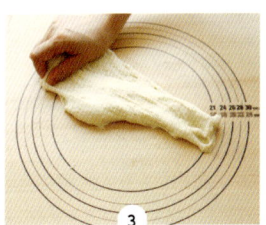

버터 넣고 치대기 반죽을 꺼내 부드러운 버터와 섞은 뒤 10분간 치대서 반죽해주세요.

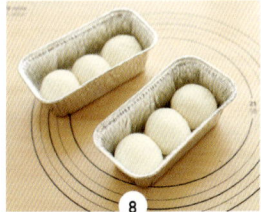

2차 발효시키기 은박틀에 버터를 바른 뒤 가스를 뺀 반죽을 세 개씩 넣고 40분간 따뜻한 곳에서 2차 발효시켜주세요. TIP 3

모양 잡기 반죽 표면이 매끄러워지고 탄력이 생기면 동그랗게 모양을 잡아주세요.

굽기 2차 발효시킨 반죽이 담긴 은박틀을 180~190℃로 예열한 오븐에 넣고 20~30분간 구워주세요.

1차 발효시키기 볼에 버터를 바른 뒤 동그랗게 모양을 잡은 반죽을 넣고 35~40분간 1차 발효시켜주세요. TIP 1

TIP 1 1차 발효시킬 때는 중탕하듯이 반죽이 담긴 볼 아래 60~70℃의 따뜻한 물을 넣은 볼을 받쳐 반죽의 온도를 30~40℃로 맞춘 뒤 전체적으로 랩을 덮어 발효시키는 게 가장 좋아요.

TIP 2 1차 발효된 반죽을 들어보았을 때 반죽이 거미줄처럼 떨어지면 1차 발효가 잘된 거예요.

TIP 3 2차 발효시킬 때는 60~70℃의 따뜻한 물을 넣은 스티로폼 상자에 넣거나, 30~40℃로 예열한 오븐에 넣어 발효시키는 게 가장 좋아요.

 Bread

 180~190℃

 20분

시나몬롤

향긋한 계피향 때문에 먹어도 먹어도 질리지 않는 시나몬롤이에요. 시나몬롤 위에 아이싱을 뿌려
퍽퍽함도 덜하고 달콤하답니다. 넉넉히 구워서 온가족이 맛있게 즐겨보세요.

Ready {사방 29cm 사각틀 크기 1개}

반죽 강력분 500g, 설탕 70g, 탈지분유 2Ts, 인스턴트 드라이이스트 8g, 소금 4g, 버터 100g, 달걀 100g, 물 200~220㎖
시나몬슈가 황설탕 50g, 시나몬파우더 6~7g
아이싱 슈가파우더 60~80g, 우유 10㎖
분량 외 재료 볼과 반죽에 바를 버터 약간, 반죽을 밀 때 바닥에 뿌릴 덧가루 약간

1차 발효 반죽 만들기 반죽
재료로 30쪽에 소개된 우유
식빵의 1~5번 과정을 참고
해 1차 발효시킨 반죽을 만들
어주세요. TIP 1

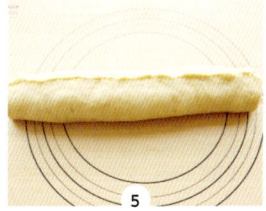

2차 발효시키기 말아준 반죽
을 스크래퍼로 6등분한 뒤 오
븐팬에 넣고 따뜻한 곳에서
40분간 2차 발효시켜주세요.

중간 발효시키기 1차 발효시
킨 반죽을 눌러 가스를 빼고
꺼낸 뒤 동그랗게 모양을 잡
아 랩으로 덮어 10~15분간
중간 발효시켜주세요.

굽기 2차 발효시킨 반죽을
180~190℃로 예열한 오븐에
넣고 20분간 구워주세요.

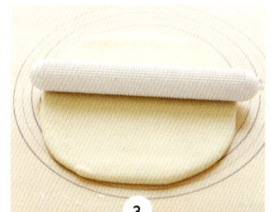

반죽 밀기 중간 발효시킨 반
죽을 눌러 가스를 뺀 뒤 사방
40cm 정도로 네모지게 밀어
주세요. TIP 2

아이싱 뿌리기 아이싱 재료
를 섞어 짤주머니에 넣은 뒤
구워낸 시나몬롤 윗면에 지
그재그로 뿌려주세요.

시나몬슈가 뿌리기 버터를 반
죽 윗면에 얇게 바르고 **시나
몬슈가** 재료를 섞어 뿌린 뒤
말아서 끝부분을 꼬집어 붙
여주세요.

TIP 1 **반죽** 재료의 탈지분유는 강력분, 설탕, 인스턴트 드라이이스트, 소금을 넣을 때 함께 넣어주세요. **반
죽** 재료의 달걀과 물은 우유 대신 넣어주세요.

TIP 2 반죽 양을 절반으로 줄여서 만들 때는 사방 30cm 정도로 네모지게 밀어주세요.

 180~190℃

 13~16분

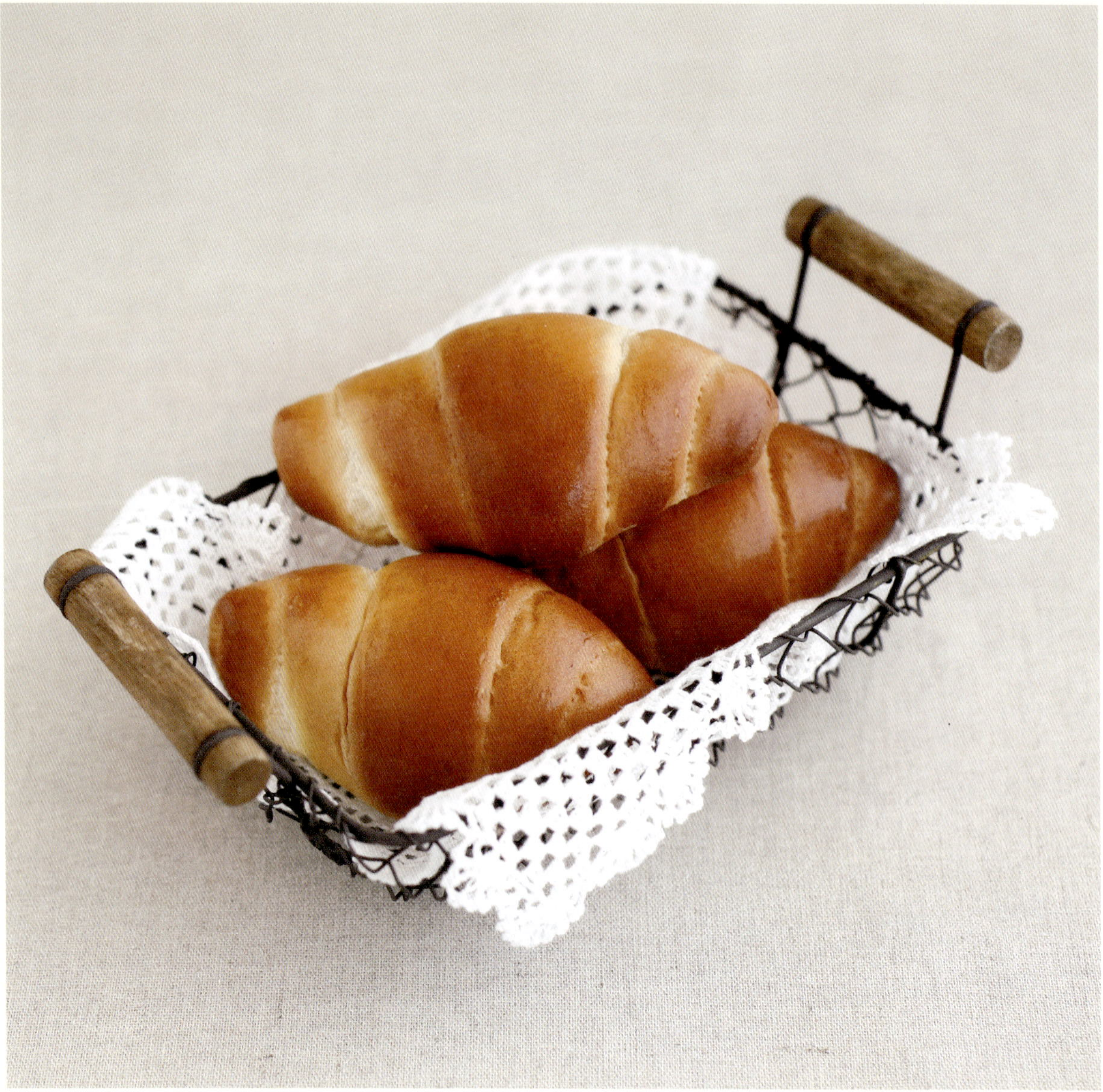

버터롤

소라 모양으로 돌돌 말아내서 보기만 해도 먹음직스러운 버터롤이에요. 굽는 내내 은은한 버터향
이 집 전체에 가득 풍겨서 버터롤을 만드는 날에는 행복감에 사로잡혀요. 노릇노릇한 버터롤은 그
냥 먹어도 맛있지만 쨈이나 치즈를 발라 먹으면 더욱 맛있어요.

Ready {12cm 길이 6개}

강력분 150g, 설탕 15g, 인스턴트 드라이이스트 2g, 소금 2g, 버터 20g, 달걀 20g, 물 70~75㎖
분량 외 재료 볼에 바를 버터 약간, 반죽에 바를 달걀물 약간, 반죽을 밀 때 바닥에 뿌릴 덧가루 약간

1차 발효 반죽 만들기 반죽 재료로 30쪽에 소개된 우유 식빵의 1~5번 과정을 참고해 1차 발효시킨 반죽을 만들어주세요. TIP 1

반죽 밀대로 밀기 20cm 정도 길이로 얇게 밀어주세요.

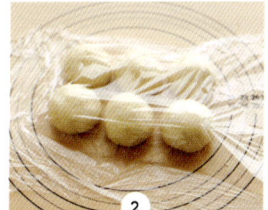

중간 발효시키기 1차 발효시킨 반죽을 눌러 가스를 빼내고 꺼내 6등분한 뒤 동그랗게 모양을 잡아 랩으로 덮어 10~15분간 중간 발효시켜주세요. TIP 2

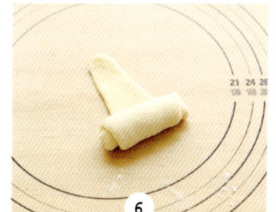

소라 모양으로 말기 얇게 민 반죽을 넓은 면부터 좁은 면으로 말아 소라 모양으로 만들어주세요.

가스 빼서 말기 중간 발효시킨 반죽을 눌러 가스를 뺀 뒤 말아서 반죽 끝부분의 이음새를 붙여주세요.

2차 발효시키기 반죽이 겹쳐진 끝부분이 밑으로 가도록 오븐팬 위에 올린 뒤 따뜻한 곳에서 40분간 2차 발효시켜주세요.

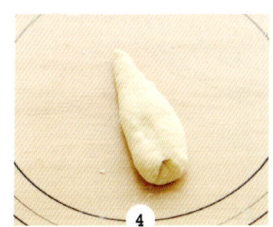

손으로 반죽 밀기 반죽의 한쪽 끝이 가늘어지도록 손으로 밀어주세요.

굽기 2차 발효시킨 반죽 윗면에 달걀물을 얇게 바른 뒤 180~190℃로 예열한 오븐에 넣고 13~16분간 구워주세요.

TIP 1 **반죽** 재료의 달걀과 물은 우유 대신 넣어주세요.
TIP 2 반죽을 등분할 때는 중량과 크기가 같도록 하나씩 저울에 무게를 달아 맞춰주세요. 같은 중량과 크기로 만들어야 익는 정도와 모양이 일정해요.

Bread
200℃
12~15분

참깨번

몇 해 전부터 국내에서 큰 인기를 끌게 된 번. 아기 피부처럼 부드러운 우윳빛 속살이 매력적인 번에 참깨를 더해보세요. 반죽에 참깨를 가득 넣어서 고소한 맛뿐만 아니라 톡톡 씹는 질감도 즐길수 있어요.

반죽 강력분 200g, 설탕 25g, 인스턴트 드라이이스트 3g, 소금 2~3g, 버터 25g, 우유 135㎖, 참깨 10g
분량 외 재료 반죽에 묻힐 참깨 20~30g, 볼에 바를 버터 약간, 반죽을 적실 우유 약간,
반죽을 밀 때 바닥에 뿌릴 덧가루 약간

반죽 치대기 **반죽** 재료로 30쪽에 소개된 우유식빵의 1~3번 과정을 참고해 반죽을 만들어 치댄 뒤 **반죽** 재료의 참깨를 넣고 다시 치대주세요.

참깨 묻히기 우유를 적신 반죽의 한쪽 면에 참깨를 묻혀주세요.

1차 발효시키기 볼에 버터를 바른 뒤 동그랗게 모양을 잡은 반죽을 넣고 35~40분간 1차 발효시켜주세요.

2차 발효시키기 참깨를 묻힌 반죽을 오븐팬 위에 올리고 40분간 따뜻한 곳에서 2차 발효시켜주세요.

중간 발효시키기 1차 발효시킨 반죽을 눌러 가스를 빼내고 꺼내 4등분한 뒤 동그랗게 모양을 잡아 랩으로 덮어 10~15분간 중간 발효시켜주세요.

굽기 2차 발효시킨 반죽에 십자 모양으로 칼집을 낸 뒤 200℃로 예열한 오븐에 넣고 12~15분간 구워주세요.

우유 적시기 중간 발효시킨 반죽을 동그랗게 모양을 잡아가며 가스를 뺀 뒤 한쪽 면을 우유에 담가 적셔주세요.

 180~190℃  12~15분

브리오슈

프랑스의 대표적인 빵인 브리오슈는 버터와 달걀을 듬뿍 넣어 촉촉하고 부드러운 질감이 특징이
에요. 코코아나 우유와 함께 먹으면 참 맛있어요. 눈사람 모양도 예쁘지만 집에 있는 틀로 다양한
모양을 만들어 즐겨보세요.

Ready {지름 6.5cm 브리오슈틀 크기 6개}

반죽 강력분 150g, 설탕 15g, 인스턴트 드라이이스트 3g, 소금 3g, 버터 45g, 달걀 77~78g, 물 10㎖
분량 외 재료 볼과 틀에 바를 버터 약간, 반죽에 바를 달걀물 약간, 반죽을 밀 때 바닥에 뿌릴 덧가루 약간

1차 발효 반죽 만들기 반죽 재료로 30쪽에 소개된 우유 식빵의 1~5번 과정을 참고해 1차 발효시킨 반죽을 만들어주세요. TIP 1

중간 발효시키기 1차 발효시킨 반죽을 눌러 가스를 빼내고 꺼내 6등분한 뒤 동그랗게 모양을 잡아 랩으로 덮어 10~15분간 중간 발효시켜주세요.

가스 빼서 성형하기 중간 발효시킨 반죽을 동그랗게 모양을 잡아가며 가스를 뺀 뒤 반죽의 1/3 지점을 손날로 밀어 큰 반죽과 작은 반죽으로 나눠주세요.

반죽 담기 브리오슈틀에 버터를 바른 뒤 큰 반죽을 넣고 그 위에 작은 반죽을 올려 꾹 눌러주세요. TIP 2

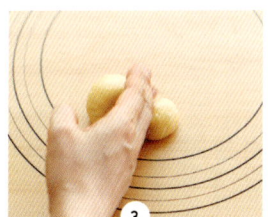

2차 발효시키기 따뜻한 곳에 두고 40분간 2차 발효시켜주세요.

굽기 2차 발효시킨 반죽 윗면에 달걀물을 얇게 바른 뒤 180~190℃로 예열한 오븐에 넣고 12~15분간 구워주세요.

TIP 1 **반죽** 재료의 달걀과 물은 우유 대신 넣어주세요. 버터의 양이 많기 때문에 치대는 과정에서 바닥에 들러붙기 쉬워요. 스크래퍼를 이용해 바닥에 들러붙은 반죽을 떼어주면서 골고루 치대주세요.

TIP 2 브리오슈틀이 없다면 동그랗게 빚은 뒤 오븐팬에 올려 굽거나, 파운드틀 또는 머핀틀에 넣고 구워도 돼요.

 190℃　　 17~20분

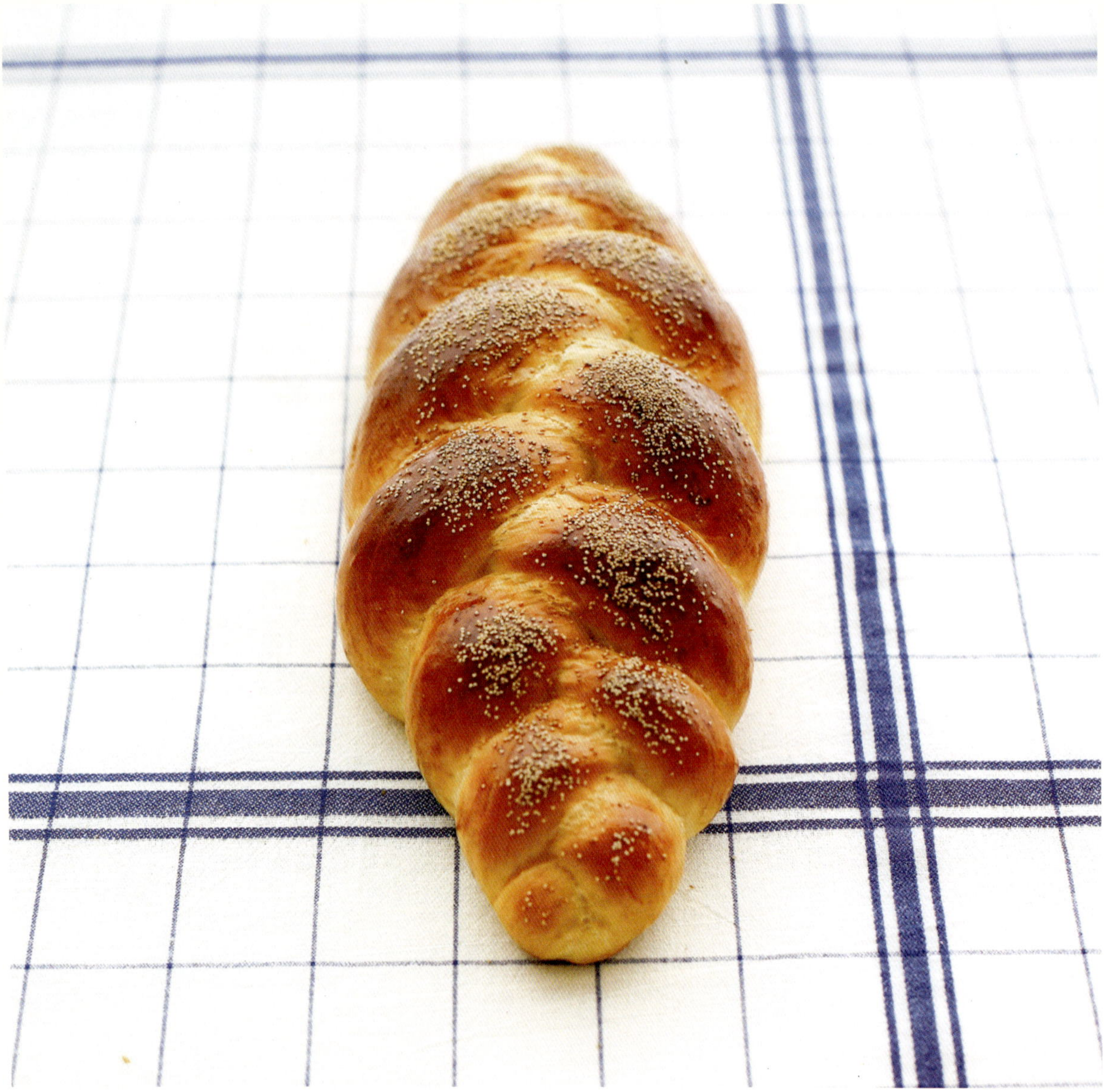

할라브레드

유대인들이 즐겨 먹었다는 할라브레드는 촘촘하게 땋은 모양이 특징이에요. 길게 땋는 것도 좋지
만 양끝을 이어 붙여 원형 모양의 리스처럼 만들어도 예뻐요. 썰었을 때 단면이 구름 모양처럼 올
록볼록해서 귀엽답니다.

반죽 강력분 200g, 설탕 25g, 인스턴트 드라이이스트 3g, 소금 2g, 버터 30g, 달걀 40g, 물 80㎖
분량 외 재료 볼에 바를 버터 약간, 반죽에 바를 달걀물 약간, 화이트 포피시드(또는 참깨) 약간,
반죽을 밀 때 바닥에 뿌릴 덧가루 약간

1차 발효 반죽 만들기 반죽 재료로 30쪽에 소개된 우유 식빵의 1~5번 과정을 참고해 1차 발효시킨 반죽을 만들어주세요. **TIP**

성형하기 세 개의 반죽의 한 쪽 끝을 모아 붙인 뒤 헐렁하게 땋고 남은 한쪽 끝을 모아 붙여주세요. 모아 붙인 양끝은 밑면으로 말아 넣어주세요.

중간 발효시키기 1차 발효시킨 반죽을 눌러 가스를 빼내고 꺼내 3등분한 뒤 동그랗게 모양을 잡아 랩으로 덮어 10~15분간 중간 발효시켜주세요.

2차 발효시키기 성형한 반죽을 오븐팬 위에 올린 뒤 따뜻한 곳에서 40분간 2차 발효시켜주세요.

가스 빼서 뭉치기 중간 발효시킨 반죽을 납작하게 눌러 가스를 뺀 뒤 말아서 반죽 끝 부분의 이음새를 붙여주세요.

굽기 2차 발효시킨 반죽 윗면에 달걀물을 얇게 바르고 화이트 포피시드를 뿌린 뒤 190℃로 예열한 오븐에 넣고 17~20분간 구워주세요.

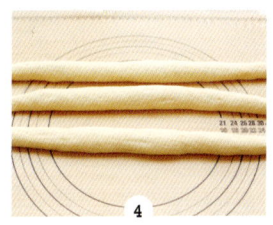

밀기 반죽이 30cm 길이가 되도록 손으로 밀어주세요. 양끝이 얇아지도록 밀어주는 게 좋아요.

TIP **반죽** 재료의 달걀과 물은 우유 대신 넣어주세요.

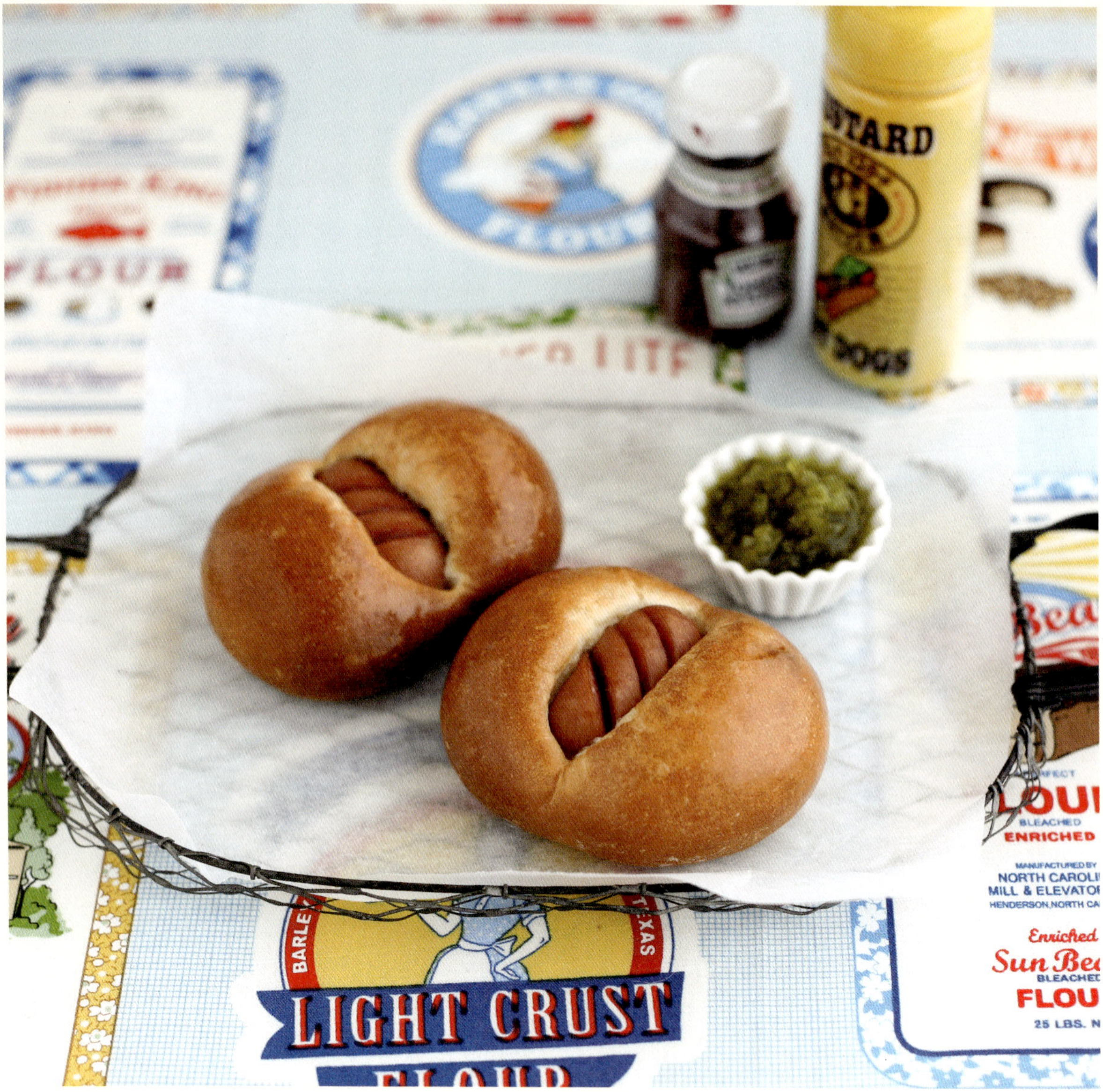

소시지빵

허기질 때 베이커리 전문점에서 꼭 사 먹게 되는 것이 소시지빵이에요. 먹음직스러운 색감과 냄새로 시각과 후각을 자극하죠. 이제부터는 집에서 소시지빵을 만들어 즐겨보세요. 다진 피클, 머스터드소스, 케첩 등을 곁들여 먹으면 더욱 맛있어요.

비엔나소시지 6개

반죽 강력분 160g, 설탕 15g, 인스턴트 드라이이스트 2g, 소금 2g, 버터 20g, 달걀 20g, 물 80㎖
분량 외 재료 볼에 바를 버터 약간, 반죽에 바를 달걀물 약간, 반죽을 밀 때 바닥에 뿌릴 덧가루 약간

비엔나소시지 칼집 내기 비엔나소시지는 사선 모양의 칼집을 내주세요.

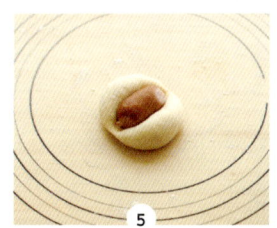

비엔나소시지 올리기 반죽의 움푹한 자국이 난 부분에 사선 모양의 칼집을 낸 비엔나소시지를 끼워주세요.

1차 발효 반죽 만들기 반죽 재료로 30쪽에 소개된 우유식빵의 1~5번 과정을 참고해 1차 발효시킨 반죽을 만들어주세요. TIP

2차 발효시키기 비엔나소시지를 끼운 반죽을 오븐팬 위에 올린 뒤 따뜻한 곳에서 40분간 2차 발효시켜주세요.

중간 발효시키기 1차 발효시킨 반죽을 눌러 가스를 빼내고 꺼내 6등분한 뒤 동그랗게 모양을 잡아 랩으로 덮어 10~15분간 중간 발효시켜주세요.

굽기 2차 발효시킨 반죽 윗면에 달걀물을 얇게 바른 뒤 190℃로 예열한 오븐에 넣고 13~16분간 구워주세요.

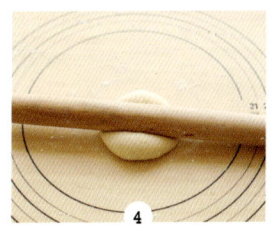

가스 빼서 자국 내기 중간 발효시킨 반죽을 동그랗게 모양을 잡아가며 가스를 뺀 뒤 밀대로 눌러 움푹한 자국을 내주세요.

TIP **반죽** 재료의 달걀과 물은 우유 대신 넣어주세요.

Bread

180℃

20분

검은깨앙금빵

치즈의 두 배, 우유의 열한 배에 달하는 칼슘이 들어 있는 검은깨를 듬뿍 넣어서 만든 빵이에요.
한입 베어 물면 입안 가득 고소한 향이 풍부하게 느껴지는 게 매력이랍니다. 오븐팬에 낱개로 올
려 동그랗게 만들어도 좋지만, 파운드틀에 넣어 식빵 모양으로 구워보았어요.

Ready {15×7cm 파운드틀 크기 2개}

반죽 강력분 160g, 검은깨 10g, 설탕 20g, 인스턴트 드라이이스트 3g, 소금 2g, 버터 20g, 달걀 20g, 우유 20㎖, 물 55~60㎖

앙금 흰앙금 200g, 검은깨 15g

분량 외 재료 볼에 바를 버터 약간, 반죽을 밀 때 바닥에 뿌릴 덧가루 약간

강력분, 검은깨 갈기 반죽 재료의 강력분과 검은깨를 푸드프로세서에 넣고 곱게 갈아주세요.

1차 발효 반죽 만들기 곱게 간 강력분과 검은깨, 나머지 **반죽** 재료로 30쪽에 소개된 우유식빵의 1~5번 과정을 참고해 1차 발효시킨 반죽을 만들어주세요. TIP 1

중간 발효시키기 반죽을 눌러 가스를 빼내고 꺼내 6등분한 뒤 동그랗게 모양을 잡아 랩으로 덮어 10~15분간 중간 발효시켜주세요.

앙금 만들기 앙금 재료의 검은깨를 푸드프로세서에 넣어 곱게 갈고 흰앙금과 고루 섞은 뒤 6등분해 동그랗게 빚어주세요.

앙금 넣고 감싸기 중간 발효가 끝나면 반죽을 눌러 가스를 뺀 뒤 동그랗게 빚은 앙금을 넣고 감싸주세요.

2차 발효시켜 굽기 일회용 파운드틀에 유산지를 깔고 앙금을 감싼 반죽을 넣어 따뜻한 곳에서 40분간 2차 발효한 뒤 180℃로 예열한 오븐에 넣고 20분간 구워주세요. TIP 2

TIP 1 **반죽** 재료의 달걀과 물은 우유를 넣을 때 함께 넣어주세요. 곱게 간 강력분과 검은깨는 설탕, 인스턴트 드라이이스트, 소금을 넣을 때 함께 넣어주세요.

TIP 2 일회용 파운드틀이나 일반 파운드틀이 없을 때는 오븐팬 위에 그대로 올려 굽거나 머핀틀에 구워도 좋아요.

Bread

 180℃  15~18분

단팥빵

어린 시절, 엄마를 졸라 사 먹었던 단팥빵의 맛은 어른이 돼서도 잊을 수 없는 추억의 맛으로 남아 있어요. 반지르르 윤기나는 겉면과 달콤한 팥앙금이 인상적인 단팥빵을 집에서 만들어보세요. 행복했던 유년시절의 기억이 모락모락 피어날 거예요.

팥앙금 240g

반죽 강력분 160g, 설탕 20g, 인스턴트 드라이이스트 3g, 소금 2g, 버터 20g, 달걀 20g, 우유 20㎖, 물 55~60㎖

분량 외 재료 볼에 바를 버터 약간, 반죽에 바를 달걀물 약간, 반죽을 밀 때 바닥에 뿌릴 덧가루 약간

1차 발효 반죽 만들기 반죽 재료로 30쪽에 소개된 우유 식빵의 1~5번 과정을 참고해 1차 발효시킨 반죽을 만들어주세요. TIP 1

성형하기 팥앙금을 넣고 감싼 반죽을 오븐팬 위에 올리고 납작하게 눌러주세요.

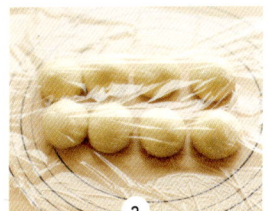

중간 발효시키기 1차 발효시킨 반죽을 눌러 가스를 빼내고 꺼내 8등분한 뒤 동그랗게 모양을 잡아 랩으로 덮어 10~15분간 중간 발효시켜주세요.

2차 발효시키기 납작하게 눌러준 반죽의 가운데를 계량스푼으로 바닥까지 닿도록 누른 뒤 따뜻한 곳에서 40분간 2차 발효시켜주세요. TIP 2

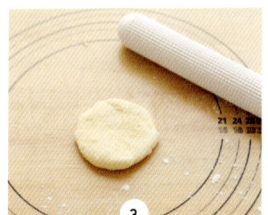

반죽 밀기 중간 발효시킨 반죽을 눌러 가스를 뺀 뒤 도톰하게 밀어주세요.

굽기 2차 발효시킨 반죽 윗면에 달걀물을 얇게 바른 뒤 180℃로 예열한 오븐에 넣고 15~18분간 구워주세요.

팥앙금 넣기 팥앙금을 30g씩 떼어 동그랗게 빚은 뒤 밀어둔 반죽에 넣고 감싸주세요.

TIP 1 **반죽** 재료의 달걀과 물은 우유를 넣을 때 함께 넣어주세요.

TIP 2 반죽을 눌러줄 때는 움푹 들어간 정도가 균일한 계량스푼을 사용하는 게 가장 좋아요. 계량스푼에 반죽이 눌어붙지 않도록 강력분을 약간 묻힌 뒤 눌러주세요.

200℃

15~18분

뮈슬리브레드

뮈슬리(Muesli)는 오트밀과 같은 곡물, 아몬드나 해바라기씨와 같은 견과류, 건포도나 건과일을 섞어놓은 것으로, 보통 외국에서는 시리얼처럼 우유에 말아 아침식사로 먹곤 한답니다. 다양한 영양이 풍부하게 들어 있는 뮈슬리브레드로 건강한 아침을 시작해보세요.

반죽 강력분 130g, 통밀가루 30g, 설탕 10g, 인스턴트 드라이이스트 3g, 소금 2g, 버터 10g, 물 95㎖, 뮤슬리 50g
분량 외 재료 볼에 바를 버터 약간, 반죽에 묻힐 통밀가루 적당량, 반죽을 밀 때 바닥에 뿌릴 덧가루 약간

반죽 치대기 뮤슬리를 제외한 **반죽** 재료로 30쪽에 소개된 우유식빵의 1~3번 과정을 참고해 반죽을 만들어 치댄 뒤 뮤슬리를 넣고 치대주세요. TIP

통밀가루 묻히기 중간 발효시킨 반죽을 동그랗게 모양을 잡아가며 가스를 뺀 뒤 한쪽 면에 통밀가루를 묻혀주세요.

1차 발효시키기 볼에 버터를 바른 뒤 동그랗게 모양을 잡은 반죽을 넣고 35~40분간 1차 발효시켜주세요.

2차 발효시키기 통밀가루를 묻힌 반죽을 오븐팬 위에 올리고 40분간 따뜻한 곳에서 2차 발효시켜주세요.

가스 빼기 1차 발효시킨 반죽을 눌러 가스를 빼주세요.

굽기 2차 발효시킨 반죽을 올린 오븐팬을 200℃로 예열한 오븐에 넣고 15~18분간 구워주세요.

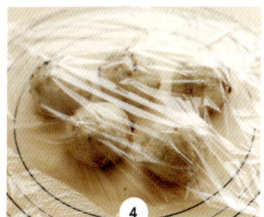

중간 발효시키기 가스를 뺀 반죽을 5등분한 뒤 동그랗게 모양을 잡아 랩으로 덮어 10~15분간 중간 발효시켜주세요.

TIP **반죽** 재료의 통밀가루는 강력분, 설탕, 인스턴트 드라이이스트, 소금을 넣을 때 함께 넣어주세요. **반죽** 재료의 물은 우유 대신 넣어주세요. 뮤슬리는 대형 마트에서 구입해서 사용하는 게 편리해요. 뮤슬리를 구할 수 없다면 오트밀과 견과류를 섞어 사용해도 돼요.

코코아빵

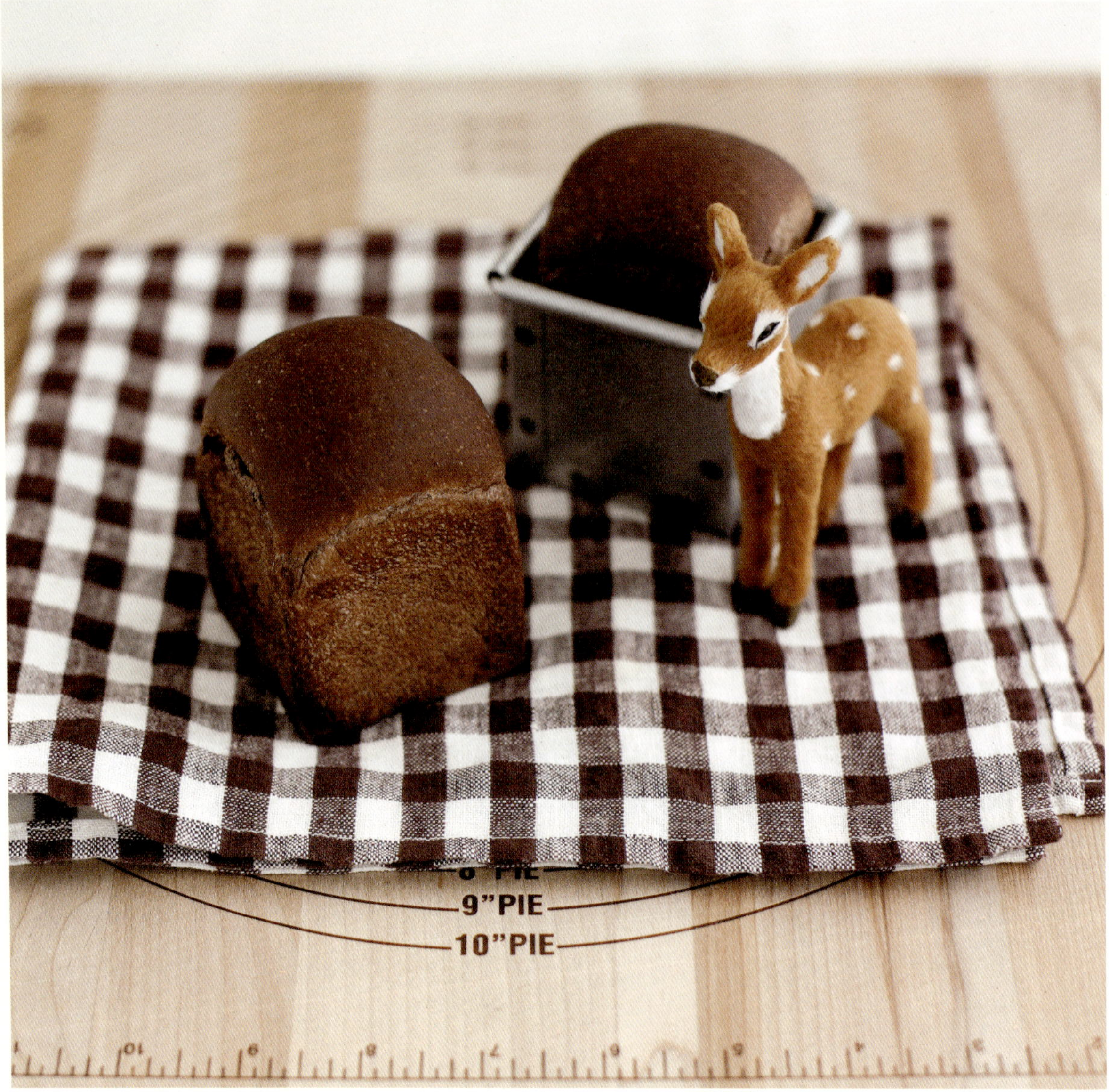

얼핏 보면 초콜릿 반죽으로만 만든 식빵처럼 생겼지만, 한입 먹어보면 달콤하게 퍼지는 촉촉한 초콜릿이 쏙쏙 숨어 있는 빵이에요. 우유 한잔과 함께 아이들 간식으로 준비하면 인기 만점 엄마가 될 수 있을 거예요.

초콜릿칩 30~40g

반죽 강력분 145g, 무가당 코코아가루 15g, 설탕 15g, 인스턴트 드라이이스트 3g, 소금 2g, 버터 20g,
달걀 20g, 우유 20㎖, 물 60~63㎖

분량 외 재료 볼과 틀에 바를 버터 약간, 반죽을 밀 때 바닥에 뿌릴 덧가루 약간

1차 발효 반죽 만들기 반죽 재료로 30쪽에 소개된 우유 식빵의 1~5번 과정을 참고해 1차 발효시킨 반죽을 만들어주세요. TIP 1

말기 초콜릿칩을 올린 반죽의 양옆을 접은 뒤 말아서 반죽 끝부분의 이음새를 붙여주세요.

중간 발효시키기 1차 발효시킨 반죽을 눌러 가스를 빼내고 4등분한 뒤 동그랗게 모양을 잡아 랩으로 덮어 10~15분간 중간 발효시켜주세요.

2차 발효시키기 사각틀에 버터를 바르고 말아낸 반죽을 넣은 뒤 40분간 따뜻한 곳에서 2차 발효시켜주세요.

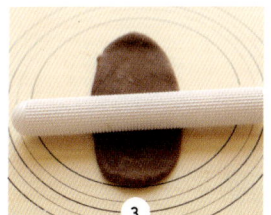

가스 빼서 밀기 중간 발효시킨 반죽을 눌러 가스를 뺀 뒤 길쭉하게 밀어주세요.

굽기 2차 발효시킨 반죽이 담긴 사각틀을 180~190℃로 예열한 오븐에 넣고 15~20분간 구워주세요.

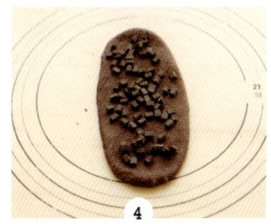

초콜릿칩 올리기 길쭉하게 민 반죽에 초콜릿칩을 올려주세요. TIP 2

TIP 1 **반죽** 재료의 무가당 코코아가루는 강력분, 설탕, 인스턴트 드라이이스트, 소금을 넣을 때 함께 넣어주세요. **반죽** 재료의 달걀과 물은 우유를 넣을 때 함께 넣어주세요.

TIP 2 초콜릿칩뿐만 아니라 호두와 같은 견과류를 넣어 만들어도 맛있어요.

 190℃
 15~17분

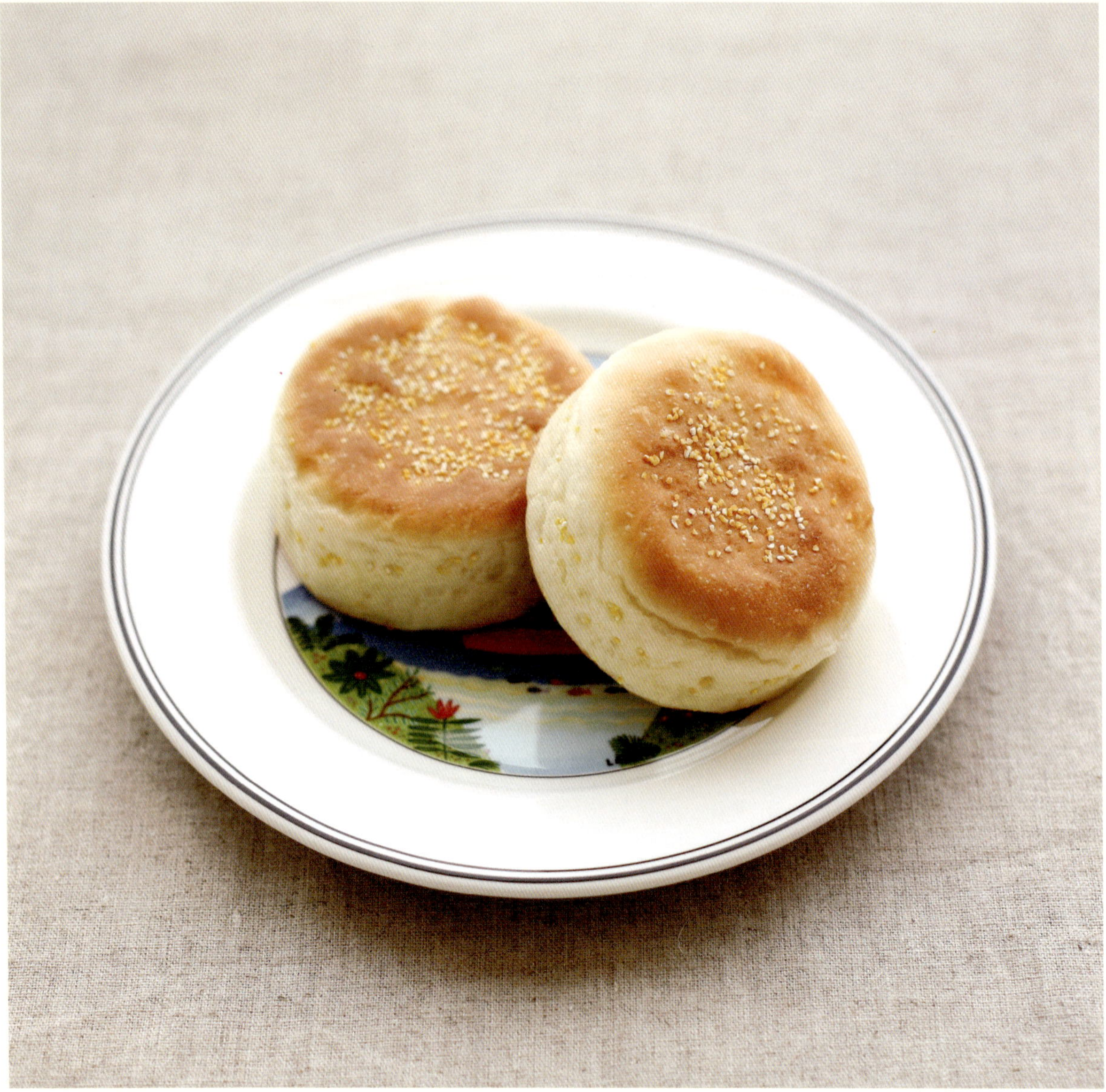

잉글리시머핀

영국에서 아침에 즐겨 먹는 빵인 잉글리시머핀은 베이킹파우더를 넣어 부풀리는 미국식 머핀과
다른 맛, 질감, 모양을 갖고 있어요. 납작하게 만들어 가로로 썬 뒤 달걀프라이나 베이컨을 끼워
샌드위치처럼 즐겨보세요.

반죽 강력분 200g, 옥수수가루 15g, 설탕 20g, 인스턴트 드라이이스트 3g, 소금 3g, 버터 25g, 물 130~135㎖
분량 외 재료 볼과 틀에 바를 버터 약간, 반죽에 뿌릴 옥수수가루 약간, 반죽을 밀 때 바닥에 뿌릴 덧가루 약간

1차 발효 반죽 만들기 반죽 재료로 30쪽에 소개된 우유 식빵의 1~5번 과정을 참고해 1차 발효시킨 반죽을 만들어주세요. TIP 1

옥수수가루 뿌리기 원형틀에 버터를 바르고 가스를 뺀 반죽을 넣어 오븐팬에 올린 뒤 옥수수가루를 뿌려주세요. TIP 2

6등분하기 1차 발효시킨 반죽을 눌러 가스를 빼내고 꺼내 6등분해주세요.

2차 발효, 굽기 반죽을 올린 오븐팬 윗면에 더 큰 오븐팬을 겹쳐서 40분간 2차 발효를 한 뒤 190℃로 예열한 오븐에 넣고 15~17분간 구워주세요. TIP 3

중간 발효시키기 6등분한 반죽을 동그랗게 모양을 잡아 랩으로 덮어 10~15분간 중간 발효시킨 뒤 동그랗게 모양을 잡아가며 가스를 빼주세요.

TIP 1 **반죽** 재료의 옥수수가루는 강력분, 설탕, 인스턴트 드라이이스트, 소금을 넣을 때 함께 넣어주세요. **반죽** 재료의 물은 우유 대신 넣어주세요.

TIP 2 밑이 뚫린 잉글리시머핀틀을 사용하면 편리하지만 잉글리시머핀틀이 없을 때는 두꺼운 종이를 길게 잘라 양끝을 이어 붙여 원형을 만들어 써도 돼요.

TIP 3 잉글리시머핀 밑면이 타거나 딱딱해지지 않도록 오븐팬을 두 겹으로 겹쳐서 구워내거나 오븐팬 위에 테프론시트를 깔아서 구워내세요. 반죽 윗면에도 테프론시트를 덮어서 구워내면 수분이 날아가는 것을 방지할 수 있어요.

 200℃→180℃

 10분→10분

Bread

하드롤

'하드롤'이라는 이름은 겉면이 단단해 붙여졌어요. 외국에서는 아주 기본적인 빵으로, 식전 수프와
곁들여 먹을 수 있게 준비하거나 속을 긁어내 수프를 담아내기도 해요. 버터 등 유지류를 넣지 않
아 깔끔하고 담백한 하드롤을 소개합니다.

반죽 강력분 200g, 설탕 10g, 소금 4g, 인스턴트 드라이이스트 3g, 물 130㎖
분량 외 재료 볼에 바를 버터 약간, 반죽에 뿌릴 강력분 약간, 반죽을 밀 때 바닥에 뿌릴 덧가루 약간

1차 발효 반죽 만들기 반죽 재료로 30쪽에 소개된 우유 식빵의 1~5번 과정을 참고해 1차 발효시킨 반죽을 만들어주세요. TIP 1

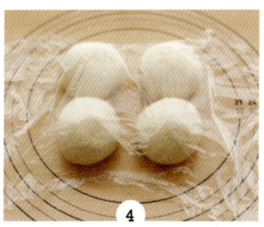

중간 발효시키기 모양을 잡은 반죽을 랩으로 덮어 10~15분간 중간 발효시켜주세요.

가스 빼기 1차 발효시킨 반죽을 눌러 가스를 빼낸 뒤 꺼내주세요.

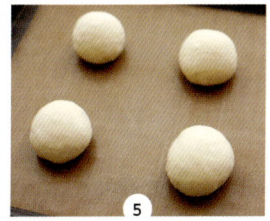

2차 발효시키기 중간 발효시킨 반죽을 동그랗게 모양을 잡아가며 가스를 뺀 뒤 오븐팬 위에 올려 40분간 2차 발효시켜주세요.

모양 잡기 반죽을 4등분한 뒤 동그랗게 모양을 잡아주세요.

굽기 2차 발효시킨 반죽에 강력분을 뿌리고 십자 모양의 칼집을 낸 뒤 200℃로 예열한 오븐에 10분, 온도를 180℃로 내려 10분간 구워주세요. TIP 2

TIP 1 하드롤을 만들 때는 버터를 넣지 않기 때문에 버터를 섞어 치대는 과정을 생략하고 만들어주세요. **반죽** 재료의 물은 우유 대신 넣고 섞어주세요.

TIP 2 오븐을 예열할 때 물을 가득 담은 오븐 용기를 미리 넣어두세요. 반죽이 담긴 오븐팬을 넣을 때도 스프레이를 이용해 오븐 안에 물을 뿌려주세요. 이렇게 구워내면 겉은 바삭하고 속은 촉촉한 하드롤이 완성된답니다.

단호박도넛

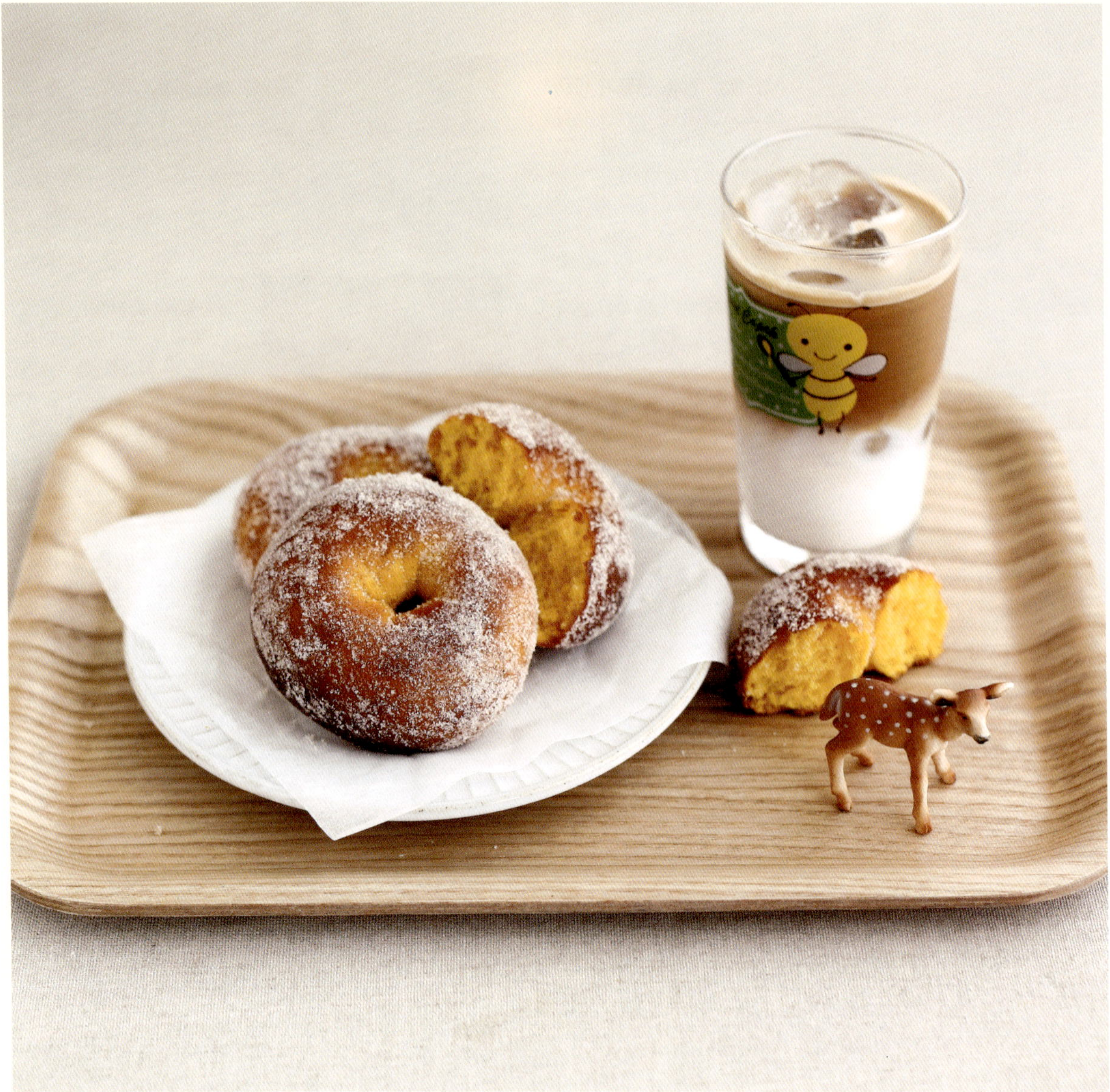

기름에 튀기지 않고 오븐에 구워냈기 때문에 담백한 맛이 일품인 도넛을 소개합니다. 반죽에 단호박을 넣어 달콤한 풍미를 느낄 수 있어요. 단호박뿐만 아니라 당근, 시금치 등 다양한 채소의 페이스트나 즙을 넣어 건강하게 즐겨보세요.

Ready {지름 8cm 크기 8개}

반죽 강력분 150g, 설탕 15g, 인스턴트 드라이이스트 2g, 소금 2g, 버터 30g, 달걀 40g, 물 10㎖, 단호박 페이스트 75g
시나몬슈가 설탕 약간, 시나몬파우더 약간
분량 외 재료 볼과 도넛에 바를 버터 약간, 반죽에 바를 달걀물 약간, 반죽을 밀 때 바닥에 뿌릴 덧가루 약간

1차 발효 반죽 만들기 반죽 재료로 30쪽에 소개된 우유 식빵의 1~5번 과정을 참고 해 1차 발효시킨 반죽을 만들 어주세요. TIP 1

2차 발효시키기 구멍을 뚫은 반죽을 오븐팬 위에 올린 뒤 40분간 따뜻한 곳에서 2차 발효시켜주세요.

중간 발효시키기 1차 발효시 킨 반죽을 꺼내 8등분한 뒤 동그랗게 모양을 잡아 랩으 로 덮어 10~15분간 중간 발 효시켜주세요.

굽기 2차 발효시킨 반죽에 달 걀물을 바른 뒤 180℃로 예 열한 오븐에 넣고 12~16분간 구워주세요. 구워낸 도넛에 버터를 발라주세요.

가스 빼기 중간 발효시킨 반 죽을 동그랗게 모양을 잡아 가스를 뺀 뒤 가운데에 손가 락으로 구멍을 뚫어주세요.

시나몬슈가 묻히기 시나몬슈 가 재료와 버터를 바른 도넛 을 비닐에 넣고 흔들어 섞어 주세요. TIP 2

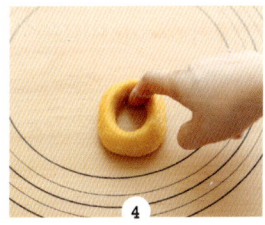

구멍 뚫기 손가락이 바닥에 닿도록 반죽에 구멍을 크게 뚫어주세요.

TIP 1 **반죽** 재료의 달걀, 물, 단호박 페이스트는 우유 대신 넣어주세요. **반죽** 재료의 단호박 페이스트는 사용할 분량보다 약간 더 많은 양의 단호박을 계량해 전자레인지나 찜통에 넣고 익혀 노란 속만 긁 어낸 뒤 핸드블렌더로 곱게 갈아 페이스트 상태로 만들어 사용해주세요.

TIP 2 슈가파우더 50g과 우유 15㎖를 섞어 글레이즈를 만든 뒤 도넛 위에 뿌리면 글레이즈도넛이 완성됩 니다.

쿠키는 언제든지 먹어도 부담 없는 간식이에요. 원하는 모양으로 얼마든지 만들 수 있고 토핑도 비교적 자유롭게 사용할 수 있어 다양하게 만들 수 있죠. 다양한 쿠키틀을 갖고 있다면 가장 좋겠지만 쿠키틀이 몇 개 없다면 손으로 성형해서 만들어도 좋아요. 길쭉하게 반죽을 성형한 뒤 구부려서 키펠쿠키로 만들거나 포크나 밀대 등의 도구를 활용해서 무늬를 내는 것도 좋아요. 한입에 쏙 넣으면 바삭바삭한 질감이 온몸으로 전해지는 쿠키, 차 한잔 곁들이면 그 무엇도 부럽지 않은 쿠키를 지금부터 즐겨보세요!

Part 2

한 조각의 여유
쿠키

 170℃

 20분

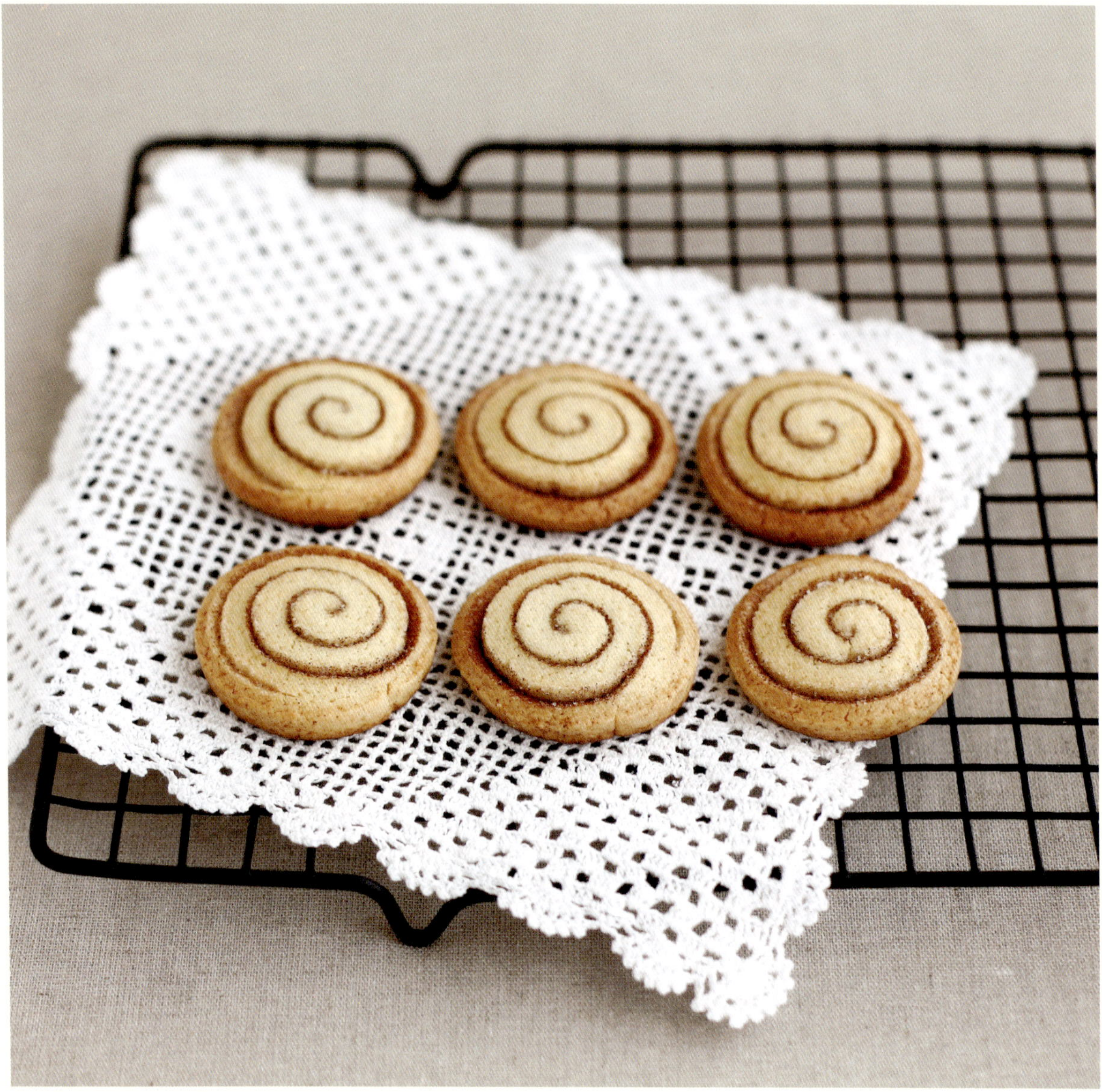

시나몬롤쿠키

시나몬롤처럼 돌돌 말린 무늬가 재밌는 쿠키예요. 쿠키 반죽 위에 시나몬슈가를 뿌려 향긋한 계피
향과 독특한 색을 즐길 수 있도록 만들었어요.

Ready {지름 6cm 크기 17~20개}

박력분 200g, 설탕 80g, 베이킹파우더 1g, 바닐라가루(또는 바닐라빈) 약간, 소금 약간, 버터 90g, 달걀 50g
시나몬슈가 설탕 30g, 시나몬파우더 2~3g
분량 외 재료 반죽을 밀 때 바닥에 뿌릴 덧가루 약간

버터 크림화 부드러운 버터를 볼에 넣고 저어서 풀어준 뒤 설탕과 소금을 넣고 섞어주세요.

달걀 넣기 버터 색이 뽀얗게 되면 달걀을 풀어 나눠 넣어가며 섞어주세요.

가루 재료 넣기 버터와 달걀이 고루 섞이면 박력분, 베이킹파우더, 바닐라가루를 체에 내려 넣고 섞어 반죽을 만들어주세요.

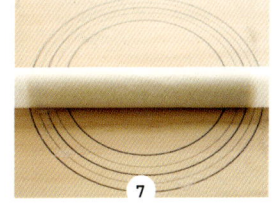

휴지시키기 반죽을 한 덩어리로 뭉쳐 비닐에 넣고 평평하게 눌러준 뒤 30분~1시간 정도 냉장해 휴지시켜주세요.

반죽밀기 휴지시킨 반죽을 꺼내 사방 27cm 크기로 밀어주세요. TIP

시나몬슈가 뿌리기 시나몬슈가 재료를 섞은 뒤 얇게 민 반죽 위에 고루 뿌려주세요.

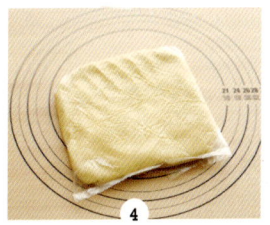

말아 굳히기 반죽을 말아준 뒤 유산지나 종이호일로 감싸 1시간 정도 냉동해 단단하게 굳혀주세요.

썰기 굳힌 반죽을 꺼내 7mm 두께로 썰어주세요.

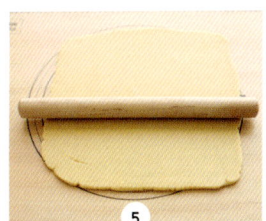

굽기 오븐팬 위에 종이호일을 깔고 7mm 두께로 썬 반죽을 올린 뒤 170℃로 예열한 오븐에 넣고 20분간 구워주세요.

> **TIP** 반죽은 시원한 곳에서 재빨리 밀수록 좋아요. 되도록 얇게 밀어야 바삭한 쿠키를 만들 수 있습니다.

Cookie

 170℃

 17~20분

건포도티쿠키

홍차를 마실 때 아주 잘 어울리는 티타임용 쿠키랍니다. 일본에 갔을 때 티룸에서 차와 함께 나오
던 깜찍한 건포도쿠키를 맛보고 만들었어요. 건포도의 쫀득한 질감과 달콤한 향이 매력적이에요.

Ready {지름 5cm 주름원형틀 크기 15~20개}
박력분 160g, 설탕 70g, 아몬드가루 40g, 베이킹파우더 1g, 바닐라가루(또는 바닐라빈) 약간,
소금 약간, 버터 100g, 달걀노른자 30g, 건포도 40g
분량 외 재료 반죽에 바를 달걀흰자 약간, 반죽에 뿌릴 설탕 약간, 반죽을 밀 때 바닥에 뿌릴 덧가루 약간

버터 크림화 부드러운 버터를 볼에 넣고 저어서 풀어준 뒤 설탕과 소금을 넣고 섞어주세요.

달걀노른자 넣기 버터 색이 뽀얗게 되면 달걀노른자를 넣고 섞어주세요.

바닐라가루 넣기 버터와 달걀노른자가 고루 섞이면 바닐라가루를 넣고 섞어주세요.

가루 재료 넣기 바닐라가루가 고루 섞이면 박력분, 아몬드가루, 베이킹파우더를 체에 내려 넣고 섞어주세요.

건포도 넣기 가루가 보이지 않을 정도로 고루 섞이면 건포도를 잘게 다져 넣고 섞어 반죽을 만들어주세요. TIP 1

휴지시키기 반죽을 한 덩어리로 뭉쳐 비닐에 넣고 평평하게 눌러준 뒤 1시간 정도 냉장해 휴지시켜주세요.

반죽 밀고 틀로 찍기 휴지시킨 반죽을 꺼내 5mm 두께로 얇게 밀어준 뒤 주름원형틀로 찍어주세요.

달걀흰자 바르기 오븐팬 위에 종이호일을 깔고 찍어낸 반죽을 올린 뒤 반죽 윗면에 달걀흰자를 얇게 발라주세요. TIP 2

굽기 달걀흰자를 바른 반죽의 윗면에 설탕을 뿌린 뒤 170℃로 예열한 오븐에 넣고 17~20분간 구워주세요.

TIP 1 재료가 완전히 뭉치지 않은 상태에서 건포도를 넣어야 잘 섞여요.
TIP 2 반죽 윗면에 달걀흰자를 발라 구우면 광택이 나면서 색이 너무 진해지지 않아 좋아요.

Cookie

170~180℃   17~20분

오트밀쿠키

식이섬유가 풍부한 오트밀을 듬뿍 넣어 구워낸 쿠키예요. 바삭바삭한 질감 때문에 아이들이 매우
좋아해요. 만드는 과정도 간단해서 학교에 다녀온 아이들에게 쉽게 만들어줄 수 있답니다.

Ready {지름 7cm 크기 14~15개}

박력분 100g, 황설탕 80g, 베이킹소다 3g, 바닐라가루(또는 바닐라빈) 약간, 소금 약간
버터 100g, 달걀 50g, 오트밀 200g

버터 크림화 부드러운 버터를 볼에 넣고 저어서 풀어준 뒤 황설탕과 소금을 넣고 섞어주세요.

달걀 넣기 버터 색이 뽀얗게 되면 달걀을 풀어 나눠 넣어가며 섞어주세요.

가루 재료, 오트밀 넣기 달걀과 버터가 고루 섞이면 박력분, 베이킹소다, 바닐라가루를 체에 내린 뒤 오트밀과 함께 넣어주세요.

섞기 가루가 보이지 않도록 고루 섞어 반죽을 만들어주세요.

굽기 오븐팬 위에 종이호일을 깔고 반죽을 한 숟갈씩 올려 평평하게 누른 뒤 170~180℃로 예열한 오븐에 넣고 17~20분간 구워주세요. TIP

TIP 오븐팬 위에 반죽을 올릴 때 숟가락 대신 아이스크림 스쿱을 사용하면 둥근 모양으로 만들기 훨씬 수월하고 일정한 크기로 만들 수 있답니다. 반죽의 양이 일정해야 구워지는 정도도 일정해요.

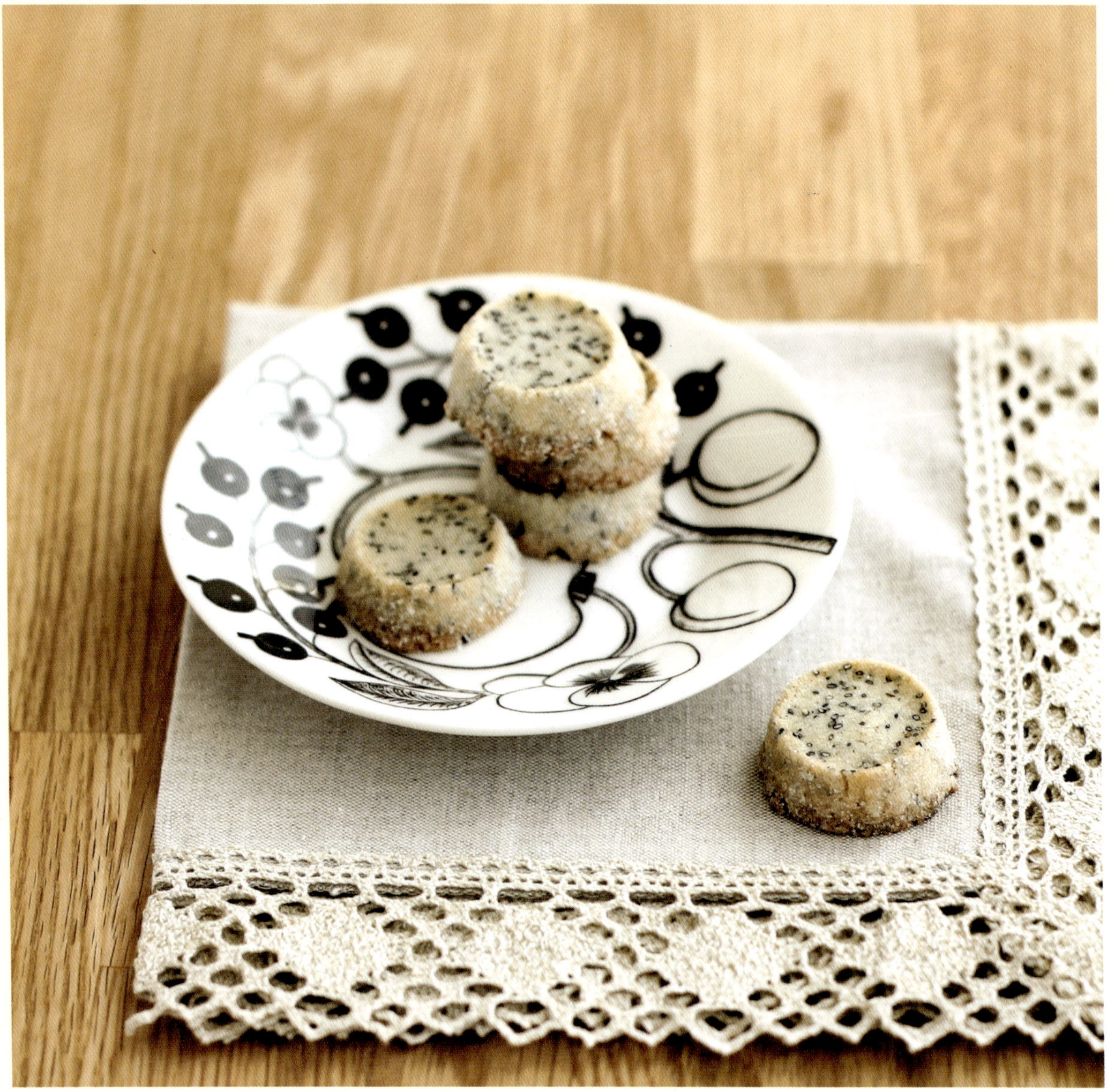

검은깨사블레

대표적인 블랙 푸드인 검은깨는 단백질과 칼슘 함량이 높은 건강 식재료예요. 검은깨가 콕콕 박힌
검은깨사블레는 고소하고 바삭한 질감으로 누구에게나 사랑받는 쿠키지요. 푸드프로세서를 이용
하면 더욱 간편하게 만들 수 있답니다.

박력분 200g, 설탕 80g, 소금 약간, 버터 100g, 달걀 30g, 검은깨 50g
분량 외 재료 반죽에 바를 달걀물 약간, 반죽에 묻힐 설탕 약간, 반죽을 밀 때 바닥에 뿌릴 덧가루 약간

버터 크림화 부드러운 버터를 볼에 넣고 저어서 풀어준 뒤 설탕과 소금을 넣고 섞어주세요. TIP 1

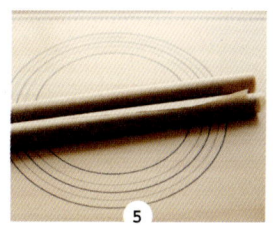

굳히기 성형한 반죽을 각각 유산지로 감싸 지름이 3cm가 되게 손으로 민 뒤 1시간 정도 냉동해 굳혀주세요.

달걀 넣기 버터 색이 뽀얗게 되면 달걀을 풀어 넣고 섞어주세요.

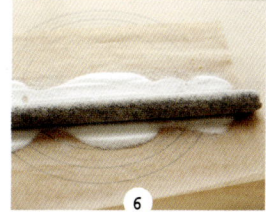

달걀물, 설탕 묻히기 반죽이 굳으면 유산지를 벗기고 달걀물과 설탕을 묻힌 뒤 8mm 두께로 썰어주세요. TIP 2

박력분, 검은깨 넣기 버터와 달걀이 고루 섞이면 박력분을 체에 내려 검은깨와 함께 넣고 가루가 보이지 않도록 섞어 반죽을 만들어주세요.

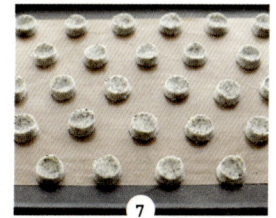

굽기 오븐팬 위에 종이호일을 깔고 반죽을 올려 가운데를 손가락으로 눌러준 뒤 170℃로 예열한 오븐에 넣고 15~20분간 구워주세요.

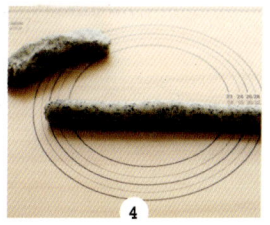

성형하기 반죽을 두 덩어리로 나눈 뒤 각각 길쭉하게 굴려 막대 모양으로 성형해주세요.

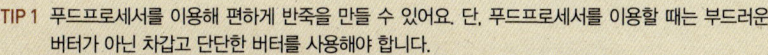

TIP 1 푸드프로세서를 이용해 편하게 반죽을 만들 수 있어요. 단, 푸드프로세서를 이용할 때는 부드러운 버터가 아닌 차갑고 단단한 버터를 사용해야 합니다.

TIP 2 설탕을 흩뿌려 묻히기 전에 달걀을 너무 많이 바르면 굽는 동안 달걀과 설탕이 섞여 오븐팬에 흘러내리니 아주 살짝만 발라주세요.

Cookie

180℃

15분

검은깨피낭시에

달걀흰자를 주재료로 만드는 피낭시에는 구웠을 때 윗면이 많이 부풀어 오르지 않는 것이 좋아요. 금괴 모양의 작은 틀로 작고 귀여운 검은깨피낭시에를 만들어보세요. 푸드프로세서를 이용해 만들면 검은깨를 갈아낸 뒤 다른 재료와 손쉽게 섞어 반죽할 수 있어서 더욱 간편해요.

Ready {5×2cm 피낭시에틀 크기 25~27개}

박력분 250g, 설탕 60g, 아몬드가루 50g, 곱게 간 검은깨 15g, 옥수수전분 5g, 베이킹파우더 1g,
버터 100g, 달걀흰자 100g, 꿀 20g, 소금 약간
분량 외 재료 틀에 바를 부드러운 버터 약간, 반죽에 뿌릴 검은깨와 참깨 약간씩

버터 끓이기 버터를 냄비에 넣고 갈색이 될 때까지 약불에서 끓인 뒤 식혀주세요.

가루 재료 넣기 설탕이 녹으면 박력분, 아몬드가루, 옥수수전분, 베이킹파우더를 체에 내려 곱게 간 검은깨와 함께 넣고 섞어 반죽을 만들어주세요.

틀에 버터 바르기 피낭시에틀에 버터를 고루 발라주세요.

끓인 버터 넣기 끓인 버터가 식으면 체로 거른 뒤 절반씩 반죽에 넣어가며 섞어주세요.

달걀흰자 간하기 설탕, 달걀흰자, 꿀, 소금을 볼에 넣고 설탕이 녹을 정도로만 섞어주세요.

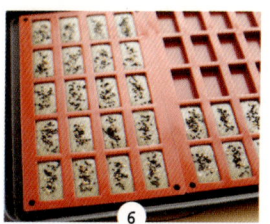

굽기 버터를 발라둔 피낭시에틀에 반죽을 채우고 검은깨와 참깨를 뿌린 뒤 180℃로 예열한 오븐에 넣어 15분간 구워주세요.

TIP 푸드프로세서를 이용해 만들면 더 간단하게 검은깨피낭시에를 만들 수 있어요. **1** 박력분, 설탕, 아몬드가루, 검은깨, 옥수수전분, 베이킹파우더를 푸드프로세서에 넣고 곱게 갈아주세요. **2** 갈아둔 재료에 꿀, 달걀흰자를 넣어 다시 곱게 갈아주세요. **3** 마지막으로 끓여둔 버터를 넣고 섞듯이 갈아주면 반죽이 완성됩니다.

Cookie

180℃

15분

단호박마들렌

부드럽고 달콤한 단호박을 넣어 더욱 맛있는 마들렌이에요. 마들렌은 구웠을 때 윗면이 볼록하게
터지도록 만드는 게 포인트예요. 이 레시피만 있으면 단호박 대신 다른 재료를 사용해서 충분히
다양한 마들렌을 만들 수 있답니다.

Ready {6~7cm 길이 마들렌틀 크기 12개}

박력분 60g, 황설탕 58g, 옥수수전분 10g, 베이킹파우더 2g, 소금 약간, 버터 60g, 달걀 50g,
단호박 페이스트 37g, 단호박 20~30g
분량 외 재료 틀에 바를 부드러운 버터 약간, 틀에 뿌릴 박력분 약간

단호박 썰기 단호박은 작게 썰어 준비하세요.

버터 넣기 가루가 보이지 않을 정도로 고루 섞이면 녹여둔 버터를 나눠 넣어가며 섞어 반죽을 만든 뒤 짤주머니에 넣어주세요.

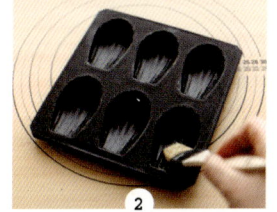

틀에 버터 바르기 버터는 내열용기에 담아 전자레인지에 넣어 녹인 뒤 마들렌틀에발라 굽기 직전까지 냉장해두세요. TIP 1

틀에 가루옷 입히기 냉장해둔 마들렌틀에 박력분을 얇게 뿌린 뒤 거꾸로 뒤집어 털어내세요.

달걀 간하기 달걀, 황설탕, 소금을 볼에 넣고 섞어주세요.

작게 썬 단호박 넣기 박력분을 묻힌 마들렌틀에 작게 썬 단호박을 넣어주세요.

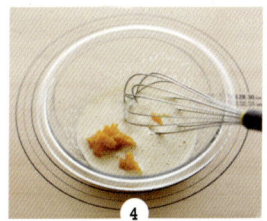

단호박 페이스트 넣기 달걀색이 뽀얗게 되면 단호박 페이스트를 넣고 섞어주세요.
TIP 2

굽기 마들렌틀에 반죽을 채운 뒤 180℃로 예열한 오븐에 넣고 15분간 구워주세요.

가루 재료 넣기 달걀과 단호박 페이스트가 고루 섞이면 박력분, 옥수수전분, 베이킹파우더를 체에 내려 넣고 섞어주세요.

TIP 1 마들렌틀에 버터를 꼼꼼하게 칠해야 마들렌을 굽고 나서 예쁘고 깔끔하게 빼낼 수 있어요.
TIP 2 단호박 페이스트는 사용할 분량보다 약간 더 많은 양의 단호박을 계량해 전자레인지나 찜통에 넣고 익혀 노란 속만 긁어낸 뒤 핸드블렌더로 곱게 갈아 페이스트 상태로 만들어 사용하세요.

180℃

15분

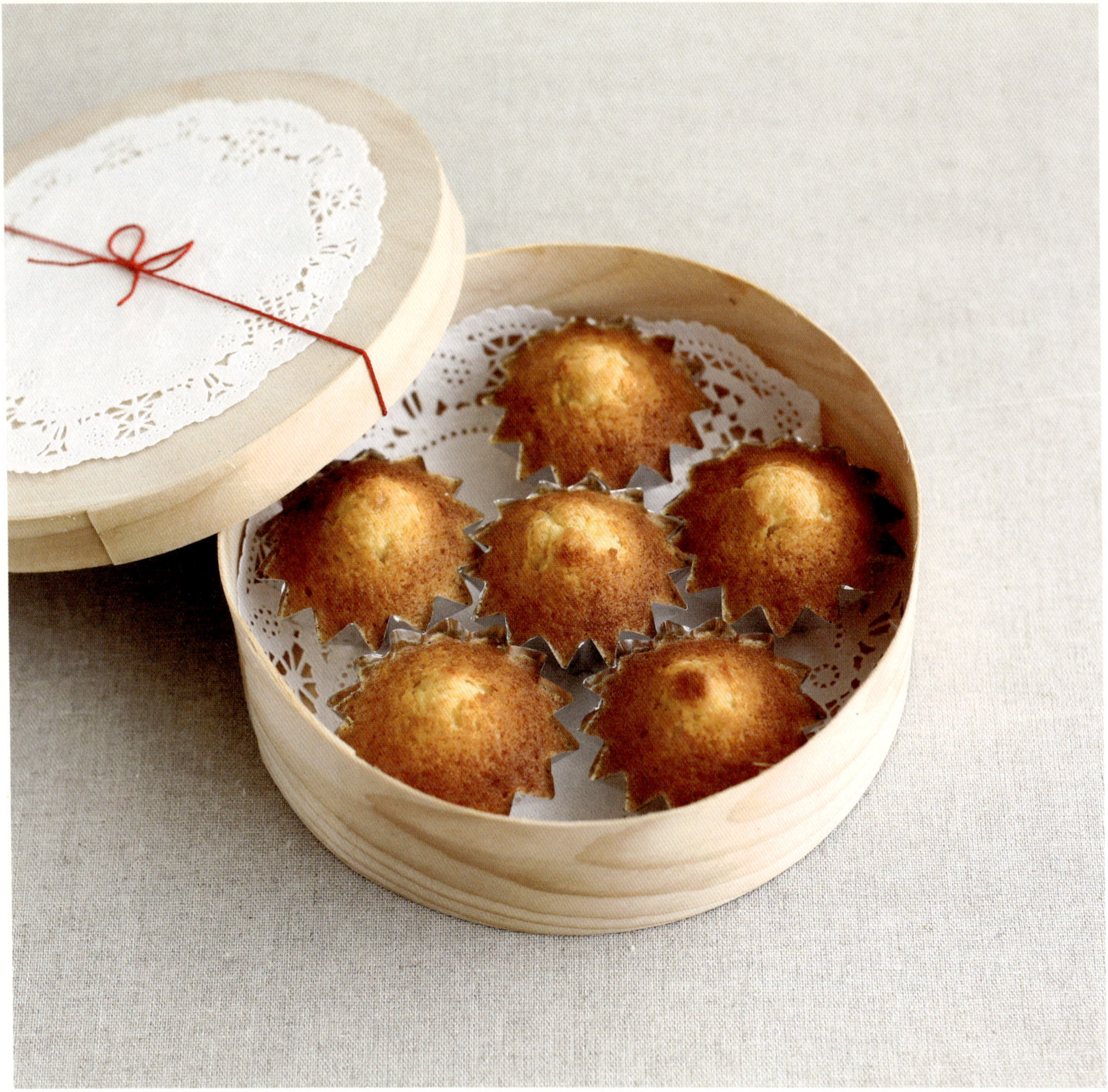

오렌지마들렌

마들렌 반죽은 부드럽기 때문에 굳이 마들렌틀에 만들지 않고 머핀컵에 담아 만들어도 돼요. 오렌
지리큐르와 오렌지제스트를 넣어 향긋한 오렌지향이 일품인 오렌지마들렌은 남녀노소 부담 없이
누구나 즐길 수 있답니다.

박력분 65g, 설탕 30g, 베이킹파우더 2g, 버터 65g, 달걀 50g, 꿀 20g, 우유 15㎖,
오렌지리큐르 10㎖, 오렌지 1/2개(오렌지제스트 3~4g)

오렌지제스트 만들기 오렌지는 주황색 껍질 부분만 그라인더나 강판으로 긁어 오렌지제스트를 만들어주세요. **TIP 1**

가루 재료 넣기 재료가 고루 섞이면 박력분, 베이킹파우더를 체에 내려 넣고 고루 섞어주세요.

버터 녹이기 버터는 냄비에 넣고 약불로 데워 녹이거나 중탕으로 녹여 준비하세요.

녹인 버터 넣기 가루가 보이지 않을 정도로 고루 섞이면 녹인 버터를 나눠 넣어가며 섞어 반죽을 만들어주세요.

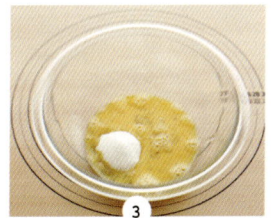

달걀 간하기 달걀, 설탕, 꿀을 볼에 넣고 섞어주세요.

굽기 은박컵에 반죽을 채운 뒤 180℃로 예열한 오븐에 넣고 15분간 구워주세요.

액체 재료 넣기 달걀 색이 뽀얗게 되면 오렌지제스트, 오렌지리큐르를 넣어 섞고 우유도 넣어 섞어주세요. **TIP 2**

TIP 1 오렌지는 굵은소금이나 베이킹소다로 박박 문질러 씻은 뒤 끓는 물에 살짝 담갔다가 빼면 오렌지 표면의 왁스 성분을 제거할 수 있어요.

TIP 2 오렌지리큐르는 오렌지 향이 강한 그랑마르니에 등의 제품을 사용하면 오렌지의 풍미가 강해져 좋아요. 별다른 오렌지리큐르가 없는 경우에는 럼주를 쓰거나 생략해도 괜찮아요.

Cookie

180℃

15분

모카쿠키

원두를 바로 갈아 넣어 만들었기 때문에 그윽한 커피향이 더욱 진한 쿠키예요. 커피 한잔과 모카
쿠키만 있으면 나른한 오후의 피곤함이 싹 가신답니다. 푸드프로세서를 이용해 만들어서 더욱 간
단하고 손쉬운 모카쿠키, 한번 도전해보세요.

박력분 100g, 강력분 30g, 황설탕 65g, 베이킹파우더 3g, 베이킹소다 1g, 소금 약간, 버터 65g,
달걀 25g, 곱게 간 원두 4~5g, 커피에센스 3g

가루 재료 섞기 박력분, 강력분, 황설탕, 베이킹파우더, 베이킹소다, 소금, 곱게 간 원두를 푸드프로세서에 넣고 섞어주세요.

버터 넣기 재료가 고루 섞이면 차가운 버터를 넣고 보슬보슬한 상태가 되도록 섞어주세요.

액체 재료 넣기 재료가 보슬보슬하게 섞이면 달걀과 커피에센스를 넣고 섞어주세요.

한 덩어리로 뭉치기 돌렸다가 멈췄다가를 반복하면서 한 덩이로 뭉쳐질 때까지 섞어 반죽을 만들어주세요. TIP

성형하기 반죽을 꺼내서 손으로 몇 번 치댄 뒤 18~19g 정도씩 떼어 동그랗게 빚어 종이호일을 깐 오븐팬 위에 올려주세요.

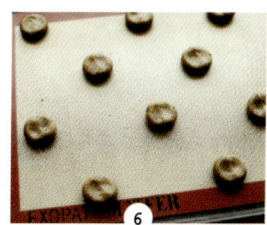

굽기 동그랗게 빚은 반죽을 손으로 눌러 납작하게 만든 뒤 180℃로 예열한 오븐에 넣고 15분간 구워주세요.

> ·TIP 커피에센스가 없는 경우 인스턴트커피 2~3g에 물을 아주 약간만 섞어서 걸쭉한 상태로 만들어 대체해주세요.

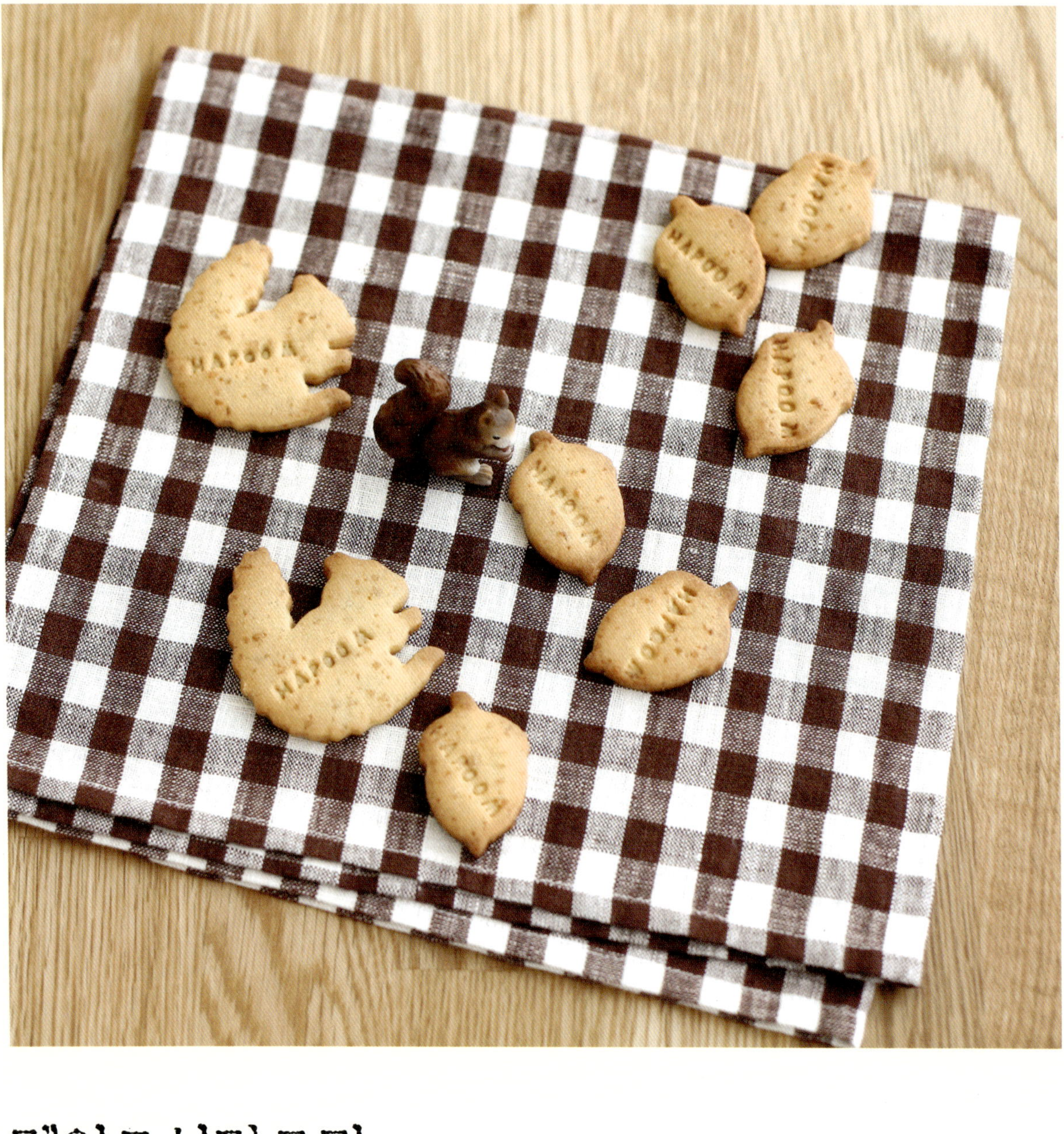

메이플시럽쿠키

설탕보다 칼로리가 낮고 몸에도 좋은 메이플시럽과 메이플설탕을 이용해 만든 쿠키예요. 만드는
방법이 간단해서 초보자도 얼마든지 성공할 수 있답니다. 메이플시럽쿠키로 풍요로운 가을의 건
강한 단맛을 즐겨보세요.

박력분 180g, 메이플설탕 75g, 메이플시럽 30g, 아몬드가루 50g, 소금 1g, 버터 100g, 달걀노른자 30g
분량 외 재료 반죽을 밀 때 바닥에 뿌릴 덧가루 약간

버터 크림화 부드러운 버터를 볼에 넣고 저어서 풀어준 뒤 메이플설탕, 메이플시럽, 소금을 넣고 섞어주세요.

달걀노른자 넣기 재료가 고루 섞이면 달걀노른자를 넣고 섞어주세요.

가루 재료 넣기 버터와 달걀노른자가 고루 섞이면 박력분, 아몬드가루를 체에 내려 넣고 섞어 반죽을 만들어주세요.

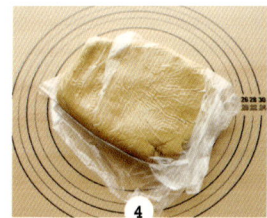

휴지시키기 반죽을 한 덩어리로 뭉쳐 비닐에 넣고 평평하게 눌러준 뒤 1시간 정도 냉장해 휴지시켜주세요.

밀어 찍기 휴지시킨 반죽을 꺼내 3~4mm 두께로 민 뒤 쿠키틀로 찍어주세요. TIP

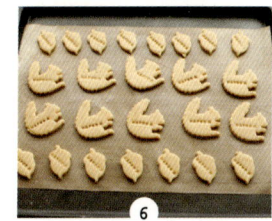

굽기 오븐팬에 종이호일을 깔고 반죽을 올린 뒤 170℃로 예열한 오븐에 넣어 20분간 구워주세요.

TIP 반죽을 밀 때는 사방으로 돌려가면서 밀어야 구웠을 때 수축이 방지됩니다.

 180℃　 15~20분

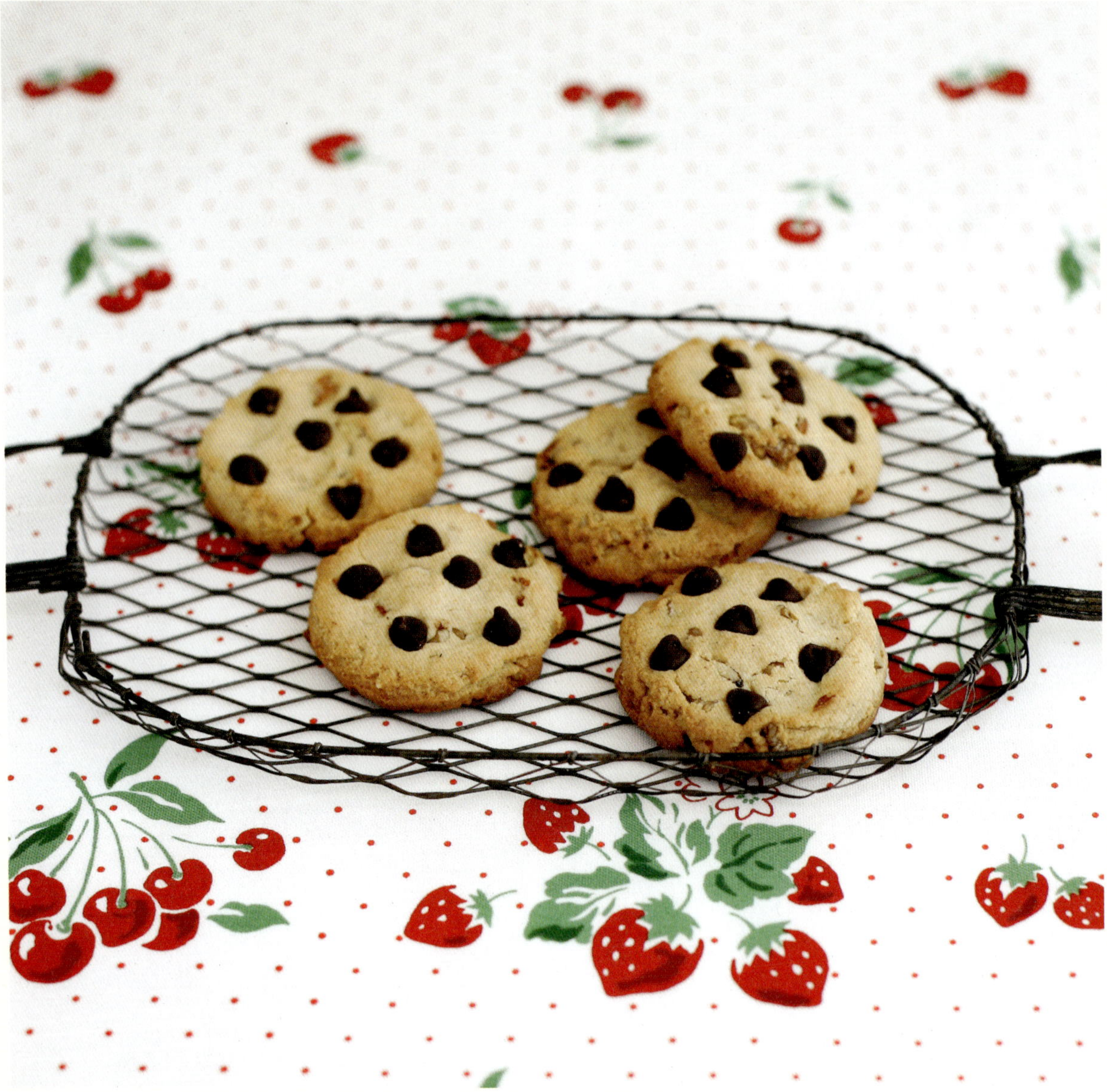

초코칩쿠키

초코칩과 호두를 넣어 달콤하면서도 씹는 맛이 일품인 쿠키예요. 시판 쿠키와는 다른, 묵직하고 촉촉한 맛 때문에 자주 만들어 먹는답니다. 초코칩쿠키는 울퉁불퉁하게 만들어야 더욱 먹음직스러워 보여요.

강력분 200g, 백설탕 40g, 황설탕 40g, 베이킹파우더 3g, 바닐라가루 약간, 소금 약간,
버터 120g, 달걀 50g, 다진 호두(또는 아몬드) 100g, 초코칩 30g, 꿀 20g

버터 크림화 부드러운 버터를 볼에 넣고 저어서 풀어준 뒤 백설탕, 황설탕, 소금, 꿀을 넣고 섞어주세요. TIP 1

호두 넣기 가루가 보이지 않을 정도로 고루 섞이면 다진 호두를 넣고 섞어주세요.

달걀 넣기 버터 색이 뽀얗게 되면 달걀을 풀어 나눠 넣어가며 섞어주세요.

초코칩 넣기 호두가 고루 섞이면 초코칩 20g을 넣고 섞어주세요.

바닐라가루 넣기 버터와 달걀이 고루 잘 섞이면 바닐라가루를 넣고 섞어주세요. TIP 2

굽기 오븐팬에 종이호일을 깔고 반죽을 한 숟갈씩 떠서 올리고 평평하게 만들어 남은 초코칩 10g을 올린 뒤 180℃로 예열한 오븐에 넣고 15~20분간 구워주세요. TIP 3

가루 재료 넣기 바닐라가루가 고루 섞이면 강력분, 베이킹파우더를 체에 내려 넣고 섞어주세요.

TIP 1 백설탕은 황설탕보다 입자가 고와서 베이킹할 때 주로 사용해요. 하지만 황설탕과 섞어 사용했을 때 쿠키 색이 좀 더 진하게 나기 때문에 백설탕과 황설탕을 섞어 사용했어요.

TIP 2 바닐라가루가 없다면 바닐라오일이나 바닐라에센스로 대체해도 돼요.

TIP 3 너무 오래 구우면 쿠키가 퍼석하고 단단해질 수 있으니 겉면이 약간 노릇노릇해질 때까지만 구워주세요.

Cookie

170℃

17~20분

초코스노우볼

동글동글한 쿠키 겉면에 하얀 눈처럼 슈가파우더를 듬뿍 묻혀 만든 쿠키예요. 코코아가루를 듬뿍
넣어 진한 초콜릿 맛이 중독적이랍니다. 하얀 눈이 펄펄 내리는 겨울에 친구들에게 선물해보세요.

Ready {지름 3~4cm 크기 20~23개}
박력분 100g, 슈가파우더 60g, 아몬드가루 30g, 무가당 코코아가루 20g, 옥수수전분 10g,
버터 80g, 달걀노른자 15g, 호두 30g
분량 외 재료 쿠키에 묻힐 슈가파우더 적당량

버터 크림화 부드러운 버터를 볼에 넣고 저어서 풀어준 뒤 슈가파우더를 넣고 섞어주세요. TIP 1

호두 넣기 가루가 보이지 않을 정도로 고루 섞이면 호두를 잘게 부숴 넣고 섞어 반죽을 만들어주세요.

달걀노른자 넣기 가루가 보이지 않을 정도로 고루 섞이면 달걀노른자를 넣고 섞어주세요.

굽기 오븐팬에 종이호일을 깔고 반죽을 15~16g 정도씩 떼어 동그랗게 빚어 오븐팬 위에 올린 뒤 170℃로 예열한 오븐에 넣고 17~20분간 구워주세요.

가루 재료 넣기 버터와 달걀노른자가 고루 섞이면 박력분, 아몬드가루, 무가당 코코아가루, 옥수수전분을 체에 내려 넣고 섞어주세요. TIP 2

슈가파우더 입히기 구워낸 쿠키를 식힘망 위에 올려 완전히 식힌 뒤 슈가파우더를 묻혀주세요.

TIP 1 녹인 버터에 슈가파우더를 넣고 섞을 때 핸드믹서나 거품기를 이용하면 가루가 날려서 잘 섞이지 않을 수 있어요. 처음에는 주걱으로 먼저 섞고 가루가 어느 정도 안정되면 핸드믹서나 거품기로 섞어주세요.

TIP 2 옥수수전분을 쿠키에 넣는 이유는 쿠키의 질감을 좀 더 가볍고 바삭바삭하게 만들기 위해서예요. 보통 스노우볼은 쇼트닝을 넣어 질감을 바삭하게 만들지만 쇼트닝은 트렌스지방을 많이 함유하고 있어서 건강에 좋지 않아요. 옥수수전분을 쓰는 게 좋지만 감자전분으로 대체해 사용해도 괜찮아요.

170℃

15~17분

Cookie

진저허니쿠키

미국식 진저브레드인 진저허니쿠키는 보통 크리스마스에 많이 만들어 먹어요. 알싸한 생강향과
달콤한 맛이 어우러져 어른들에게 특히 사랑받는 쿠키죠. 이국적인 홍차뿐만 아니라 우리의 전통
차와도 잘 어울리는 맛이랍니다. 꿀을 넣어 만드는 것도 좋지만 풍미가 좋은 메이플시럽을 넣어
만들어봤어요.

Ready {지름 6cm 크기 18~20개}

박력분 160g, 황설탕 80g, 베이킹소다 4g, 생강가루 3g, 시나몬파우더 1g, 소금 약간,
버터 80g, 달걀 25g, 메이플시럽 30g

버터 크림화 부드러운 버터를 볼에 넣고 저어서 풀어준 뒤 황설탕, 소금, 메이플시럽을 넣고 섞어주세요.

달걀 넣기 버터가 갈색이 되면 달걀을 풀어 넣고 섞어주세요.

가루 재료 넣기 버터와 달걀이 고루 섞이면 박력분, 베이킹소다, 생강가루, 시나몬파우더를 체에 내려 넣고 섞어 반죽을 만들어주세요.

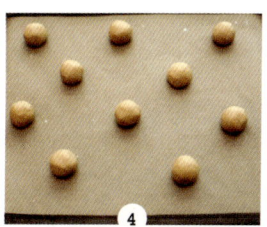

성형하기 오븐팬에 종이호일을 깔고 반죽을 18g 정도씩 떼어 동그랗게 빚은 뒤 올려주세요. TIP

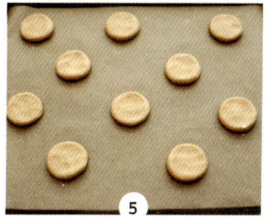

굽기 동그랗게 빚은 반죽을 눌러 납작하게 만든 뒤 170℃로 예열한 오븐에 넣고 15~17분간 구워주세요.

TIP 반죽이 질척해서 손에 묻는다면 손에 박력분을 살짝 바르고 성형하세요.

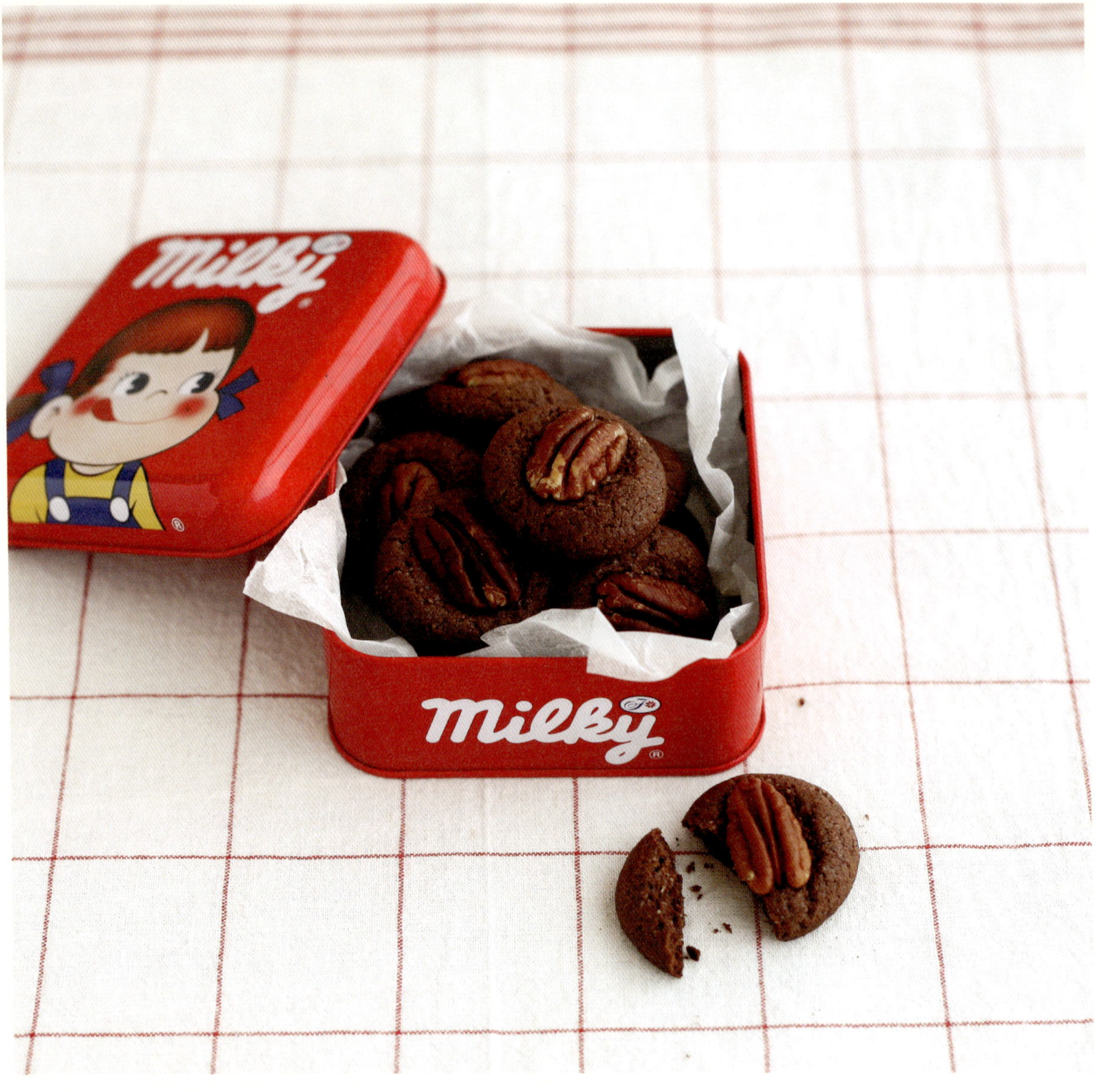

피칸초코쿠키

피칸은 호두보다 쓴맛이 적어 호두 대신 베이킹에 자주 활용하는 견과류예요. 일반적인 초코쿠키
에 피칸 하나만 얹었을 뿐인데, 쿠키에 자연스러운 균열이 생기면서 모양도 맛도 더욱 멋스러운
쿠키가 완성됐답니다.

박력분 150g, 황설탕 80g, 아몬드가루 30g, 무가당 코코아가루 20g, 베이킹소다 2g,
베이킹파우더 1g, 소금 약간, 버터 100g, 달걀 50g, 피칸 30개

버터 크림화 부드러운 버터를 볼에 넣고 저어서 풀어준 뒤 황설탕, 소금을 넣고 섞어주세요.

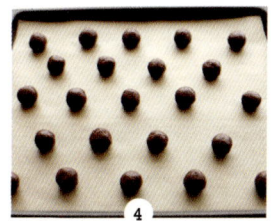

달걀 넣기 버터가 갈색이 되면 달걀을 풀어 나눠 넣어가며 섞어주세요.

가루 재료 넣기 버터와 달걀이 고루 섞이면 박력분, 아몬드가루, 무가당 코코아가루, 베이킹소다, 베이킹파우더를 체에 내려 넣고 섞어 반죽을 만들어주세요.

성형하기 오븐팬에 종이호일을 깔고 반죽을 10g 정도씩 떼어 동그랗게 빚은 뒤 올려주세요.

굽기 동그랗게 빚은 반죽 위에 피칸을 한 개씩 올려 누른 뒤 170℃로 예열한 오븐에 넣고 15분간 구워주세요.

TIP 초코쿠키를 구울 때 자주 사용하게 되는 무가당 코코아가루는 프랑스나 벨기에 등 해외 수입품을 사용하는 편이 좋아요. 일반 마트에서 판매하는 코코아가루는 설탕과 우유가 들어 있기 때문에 너무 달고 쿠키 색상도 진하게 나오지 않아요.

Cookie

 180℃→170℃

 15~18분

카카오닙키펠쿠키

동그란 모양의 일반적인 쿠키도 좋지만, 가끔 특별한 쿠키를 만들고 싶을 때 시도해보면 좋은 카카오닙키펠쿠키예요. 말굽 모양의 키펠쿠키에 카카오빈을 볶은 뒤 부숴서 만든 카카오닙을 묻혀 독특한 질감과 쌉쌀한 맛을 살렸답니다.

박력분 120g, 설탕 45g, 아몬드가루 20g, 무가당 코코아가루 20g, 소금 1g, 버터 90g, 달걀 30g
분량 외 재료 반죽에 묻힐 카카오닙(그뤼에드카카오) 적당량, 반죽에 묻힐 설탕 적당량

버터 크림화 부드러운 버터를 볼에 넣고 저어서 풀어준 뒤 설탕, 소금을 넣고 섞어주세요. TIP

달걀 넣기 버터 색이 뽀얗게 되면 달걀을 풀어 나눠 넣어가며 섞어주세요.

가루 재료 넣기 버터와 달걀이 고루 섞이면 박력분, 아몬드가루, 무가당 코코아가루를 체에 내려 넣고 섞어 반죽을 만들어주세요.

성형하기 반죽이 한 덩어리로 뭉쳐지면 18~20g씩 떼어낸 뒤 길쭉한 모양으로 성형해주세요.

카카오닙, 설탕 묻히기 성형한 반죽을 말굽 모양으로 구부린 뒤 카카오닙, 설탕을 순서대로 묻혀주세요.

굽기 오븐팬에 종이호일을 깔고 카카오닙과 설탕을 묻힌 반죽을 올린 뒤 180℃로 예열한 오븐에 넣고 온도를 170℃로 낮춰 15~18분간 구워주세요.

TIP 반죽을 만들 때 설탕 대신 동량의 슈가파우더로 대체해서 만들면 섞을 때도 수월하고 굽고 난 후에도 좀 더 부드러운 질감의 카카오닙키펠쿠키를 맛볼 수 있어요.

 170℃→150℃

 25→18분

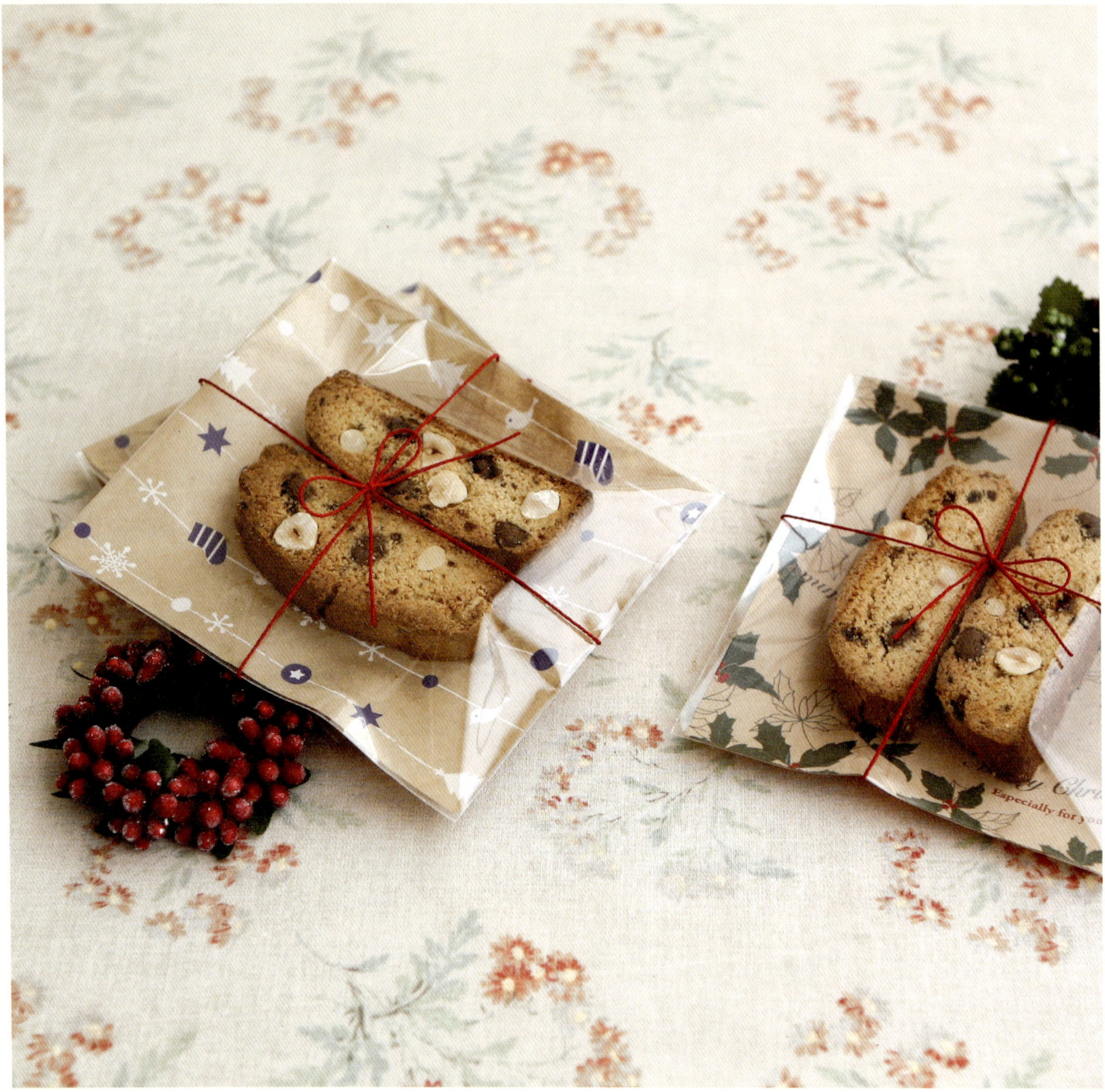

모카초콜릿비스코티

헤이즐넛과 커피빈초콜릿을 넣어 향긋한 커피향이 일품인 모카초콜릿비스코티예요. 두 번 구워 더욱 바삭하면서도 티타임에 곁들이기 좋답니다. 볼 하나, 오븐팬 하나만 있으면 아주 간단하게 만들어볼 수 있으니 한번 도전해보세요.

박력분 120g, 아몬드가루 80g, 황설탕 50g, 베이킹파우더 5g, 인스턴트커피 3～4g,
소금 약간, 버터 50g, 달걀 50g, 헤이즐넛 50g, 커피빈초콜릿 20g

버터 크림화 부드러운 버터를 볼에 넣고 저어서 풀어준 뒤 황설탕과 소금을 넣고 섞어주세요.

달걀 넣기 버터가 갈색이 되면 달걀을 풀어 넣어가며 섞어주세요.

가루 재료 넣기 버터와 달걀이 고루 섞이면 박력분, 아몬드가루, 베이킹파우더, 인스턴트커피를 체에 내려 넣고 섞어주세요.

헤이즐넛, 초콜릿 넣기 가루가 보이지 않도록 고루 섞이면 헤이즐넛과 커피빈초콜릿을 넣고 섞어 반죽을 만들어주세요. TIP 1

성형하기 오븐팬에 종이호일을 깐 뒤 반죽을 올려 직사각형 모양으로 성형해주세요.

구워 썰기 성형한 반죽을 170℃로 예열한 오븐에 넣고 25분간 구운 뒤 식혀서 1cm 두께로 도톰하게 썰어주세요. TIP 2

다시 굽기 도톰하게 썬 구운 반죽을 오븐팬 위에 올린 뒤 150℃로 예열한 오븐에 넣고 15～18분간 구워주세요.

TIP 1 커피빈초콜릿이 없을 때는 일반 초콜릿칩이나 모카초코칩으로 대체해도 돼요.
TIP 2 비스코티를 한 번 구운 뒤 썰 때는 꼭 충분히 식혀서 빵칼로 썰어주세요. 두께는 취향에 따라 약간 더 두껍게 썰어도 돼요.

 170℃→160℃

 30~35분→10~15분

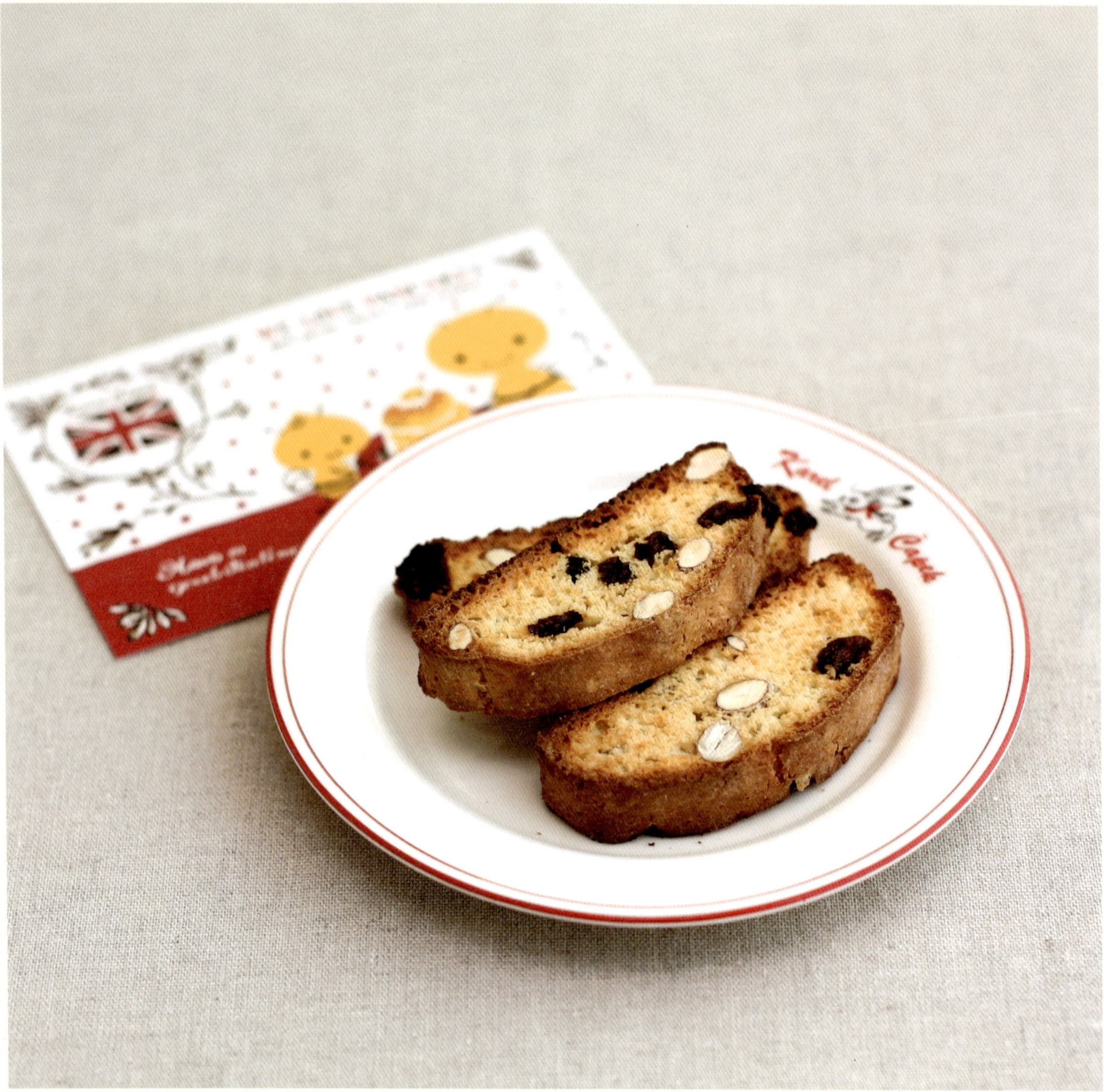

요구르트아몬드비스코티

버터 대신 플레인 요구르트를 넣어 맛은 담백하고 칼로리까지 낮은 비스코티예요. 비스코티는 '두 번 굽다'라는 뜻의 이탈리아어로, 두 번 구워내 더욱 바삭하고 깔끔한 맛을 즐길 수 있어요. 예열 온도와 굽는 시간만 잘 지키면 아주 간단하게 만들 수 있답니다.

Ready {7~8cm 길이 20개}

박력분 100g, 아몬드가루 100g, 베이킹파우더 4g, 소금 약간, 플레인 요구르트 80g,
달걀 50g, 아몬드 50g, 건포도 30g

가루 재료, 달걀 섞기 박력분, 아몬드가루, 베이킹파우더, 소금을 체에 내려 볼에 넣은 뒤 달걀을 풀어 넣어주세요.

플레인 요구르트 넣기 가루 재료와 달걀이 담긴 볼에 플레인 요구르트를 넣고 한 덩어리가 되도록 섞어주세요.

아몬드, 건포도 넣기 재료가 한 덩어리로 뭉쳐지면 아몬드와 건포도를 넣고 섞어 반죽을 만들어주세요.

성형하기 오븐팬 위에 종이 호일을 깔고 반죽을 올린 뒤 길쭉한 직사각형 모양으로 성형해주세요. TIP 1

굽기 170℃로 예열한 오븐에 넣고 30~35분간 구운 뒤 식힘망 위에 올려 완전히 식혀주세요. TIP 2

썰기 구워진 반죽이 완전히 식으면 1~1.5cm 두께로 도톰하게 썰어주세요.

다시 굽기 오븐팬 위에 종이 호일을 깔고 도톰하게 썬 반죽을 올린 뒤 160℃로 예열한 오븐에 넣고 10~15분간 구워주세요.

TIP 1 반죽이 너무 질척거려서 손에 묻는다면 손에 밀가루를 약간 바른 뒤 성형하세요.

TIP 2 구워진 반죽을 완전히 식힌 뒤 썰어야 부서지지 않아요. 너무 뜨거운 상태면 썰기 힘들어요. 빵칼을 이용해 천천히 썰면 단면이 깔끔한 비스코티를 만들 수 있답니다.

90~100℃

2시간

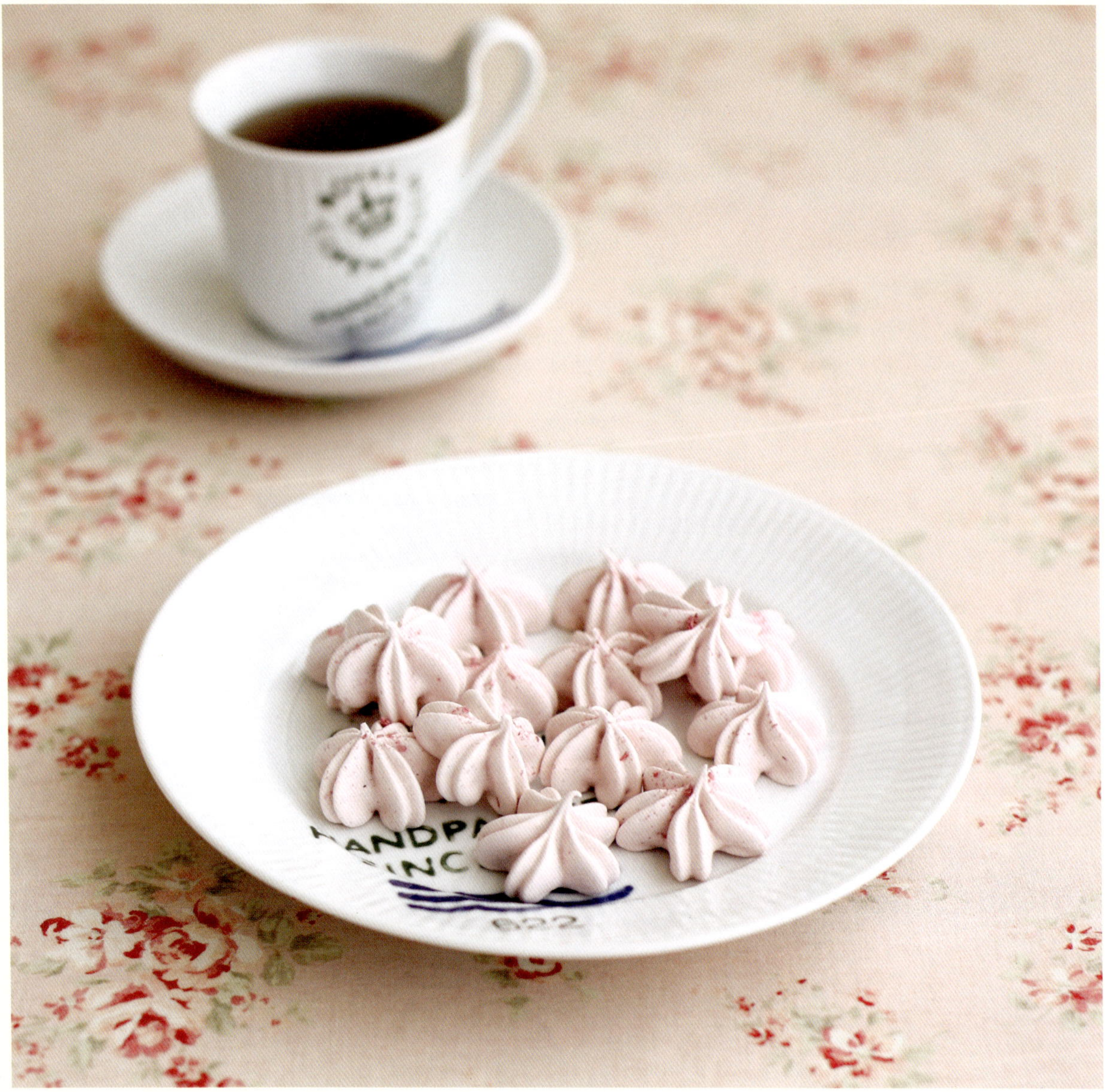

벚꽃머랭쿠키

향긋한 벚꽃향이 물씬 느껴지는 아름다운 머랭쿠키. 솜사탕처럼 가벼운 식감의 머랭쿠키는 볼 하
나와 짤주머니만 있으면 아주 간단하게 만들 수 있어요. 굽는 시간이 오래 걸린다는 단점이 있지
만 만들고 나면 모양과 색이 아주 예뻐 주위 사람들에게 자랑하고 싶은 쿠키랍니다.

슈가파우더 90g, 옥수수전분 3g, 벚꽃파우더 1/2ts, 달걀흰자 70g, 벚꽃에센스 3~5방울,
핑크색 천연색소 약간, 벚꽃후레이크 약간

달걀흰자, 가루 재료 섞기 달
걀흰자를 저어 거품을 풍성
하게 올린 뒤 슈가파우더와
옥수수전분을 체에 내려 나
눠 넣어가며 섞어주세요.

색깔 내기 가루가 보이지 않
을 정도로 고루 섞이면 벚꽃
파우더, 벚꽃에센스, 핑크색
천연색소를 넣고 섞어주세요.
TIP 1

머랭 만들기 색이 고루 섞이
면 계속해서 저어 뿔이 뾰족
하게 서는 단단한 머랭을 만
들어주세요.

짤주머니에 머랭 넣기 벚꽃
모양의 깍지를 끼운 짤주머
니에 머랭을 넣어주세요.
TIP 2

굽기 오븐팬 위에 종이호
일을 깔고 반죽을 짠 뒤 벚
꽃후레이크를 뿌려주세요.
90~100℃로 예열해둔 오븐
에 넣고 2시간 정도 구워주세
요. TIP 3

TIP 1 벚꽃파우더나 벚꽃에센스, 벚꽃후레이크가 없는 경우에는 모두 생략하거나, 딸기 또는 블루
베리파우더 등으로 대체해서 색다른 머랭쿠키를 만들어도 좋아요.

TIP 2 벚꽃 모양의 깍지가 없을 때는 별 모양 깍지로 대체해주세요.

TIP 3 아주 낮은 온도로 말리듯 구워야 가볍고 바삭바삭한 쿠키를 만들 수 있어요. 온도가 너무 높
으면 색이 너무 진해지니 주의하세요.

크리스마스오너먼트쿠키

크리스마스 트리를 장식할 때 사용할 수도 있고 먹을 수도 있는 예쁜 쿠키예요. 다양한 쿠키틀과 색소를 잘 활용하면 누구든지 나만의 특별한 크리스마스 오너먼트를 만들 수 있답니다. 하나씩 포장해서 소중한 사람들에게 선물하기에도 참 좋아요.

박력분 100g, 슈가파우더 20g, 아몬드가루 20g, 버터 60g, 소금 약간, 달걀노른자 15g,
바닐라에센스(또는 바닐라설탕) 약간
아이싱 슈가파우더 140~150g, 달걀흰자 35g, 레몬즙 약간, 식용색소 핑크와 그린색상 약간씩
분량 외 재료 반죽을 밀 때 바닥에 뿌릴 덧가루 약간

버터 크림화 부드러운 버터를 볼에 넣고 저어서 풀어준 뒤 슈가파우더와 소금을 넣고 고루 섞어주세요.

달걀노른자, 바닐라에센스 넣기 버터와 슈가파우더가 고루 섞이면 달걀노른자와 바닐라에센스를 넣고 섞어주세요.

가루 재료 넣기 달걀노른자와 바닐라에센스가 고루 섞이면 박력분, 아몬드가루를 체에 내려 넣고 섞어 반죽을 만들어주세요.

휴지시키기 반죽을 비닐에 넣고 평평하게 눌러준 뒤 1시간 정도 냉장해 휴지시켜주세요.

반죽 밀어서 찍기 휴지시킨 반죽을 꺼내서 4mm 두께로 밀어준 뒤 다양한 쿠키틀로 찍어주세요.

구멍 만들기 오븐팬에 종이호일을 깔고 찍은 반죽을 올린 뒤 빨대로 윗부분을 찍어 작은 구멍을 만들어주세요.

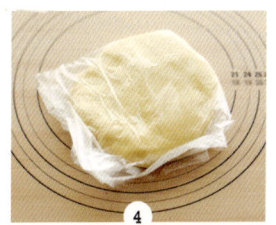

굽기 170℃로 예열한 오븐에 넣고 15분간 구운 뒤 식힘망에 올려 식혀주세요.

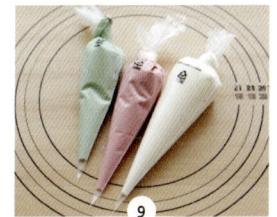

아이싱 만들기 분량의 **아이싱** 재료를 섞어 아이싱을 만든 뒤 3등분해주세요. 핑크색과 그린색 식용색소를 각각 넣고 섞어주세요.

아이싱 짤주머니에 넣기 색소를 넣은 아이싱과 색소를 넣지 않은 아이싱을 각각 짤주머니에 넣어주세요.

장식하기 아이싱을 쿠키 위에 짜서 장식한 뒤 완전히 마르면(1시간 정도) 구멍에 끈을 끼워주세요.

TIP 아이싱 반죽을 적당한 농도로 만들어야 쿠키 윗면에 원하는 모양을 그려 넣을 수 있어요. 아이싱 반죽이 너무 묽을 때는 슈가파우더를 좀 더 넣어주세요. 반대로 너무 되직할 때는 레몬즙을 좀 더 넣어주세요.

 170℃
 18~20분

Cookie

땅콩버터쿠키

버터와 땅콩버터를 섞어 넣었기 때문에 고소한 맛과 풍부한 향이 일품인 쿠키예요. 별다른 토핑
없이 포크 하나만으로 모양을 냈는데, 투박하고도 독특한 매력이 돋보이는 쿠키가 완성됐답니다.
복잡한 과정이나 재료 없이 누가 만들어도 맛있고 예쁜 땅콩버터쿠키를 소개합니다.

통밀가루 180g, 설탕 80g, 베이킹파우더 2g, 버터 70g, 땅콩버터 80g, 달걀 50g

버터, 땅콩버터 크림화 부드러운 버터와 땅콩버터를 볼에 넣고 저어서 풀어준 뒤 설탕을 넣고 섞어주세요.

달걀 넣기 재료가 고루 섞이면 달걀을 풀어 넣어가며 섞어주세요.

가루 재료 넣기 버터와 달걀이 고루 섞이면 통밀가루와 베이킹파우더를 체에 내려 넣고 가루가 보이지 않을 정도로 섞어 반죽을 만들어주세요.

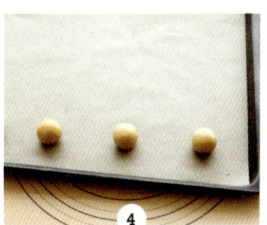

성형하기 오븐팬에 종이호일을 깐 뒤 반죽을 15~18g씩 떼어내 동그랗게 빚어 올려주세요.

포크 자국 내기 포크를 물에 살짝 담갔다가 반죽 윗면을 눌러 포크 자국이 나도록 찍어주세요. TIP

굽기 포크 자국을 겹쳐 반죽에 모양을 낸 뒤 170℃로 예열한 오븐에 넣고 18~20분간 구워주세요.

TIP 반죽에 포크 자국을 낼 때 포크에 물을 적시지 않으면 포크에 반죽이 들러붙어 잘 떨어지지 않을 수 있어요. 포트 자국을 내는 중간 중간 수시로 물을 묻혀주세요.

 180℃

 20분

Cookie

녹차롤쿠키

각각 다른 반죽을 만들어야 한다는 약간의 번거로움이 있지만, 만들고 나면 자랑하고 싶을 정도로
예쁘고 맛있는 쿠키예요. 녹차 대신 무가당 코코아가루를 넣거나, 반죽 속에 건포도 등을 넣어서
다양하게 응용해보세요.

Ready {지름 6cm 크기 20~25개}

박력분 130g, 슈가파우더 50g, 아몬드가루 30g, 소금 약간, 버터 75g, 달걀 25g
녹차 반죽 박력분 125g, 슈가파우더 50g, 아몬드가루 30g, 녹차가루 6g, 소금 약간, 버터 75g, 달걀 25g
분량 외 재료 반죽을 겹칠 때 바를 달걀물 약간, 반죽을 밀 때 바닥에 뿌릴 덧가루 약간

버터 크림화 부드러운 버터를 볼에 넣고 저어 풀어준 뒤 슈가파우더, 소금을 넣고 섞어주세요.

달걀, 가루 재료 넣기 재료가 고루 섞이면 달걀을 풀어 넣고 섞은 뒤 박력분, 아몬드가루를 체에 내려 넣고 섞어 플레인 반죽을 만들어주세요.

휴지시키기 반죽을 손으로 몇 번 치대 한 덩어리로 뭉치고 비닐에 넣어 평평하게 눌러준 뒤 1시간 정도 냉장해 휴지시켜주세요.

녹차 반죽 만들기 1~2번 과정을 참고해 **녹차 반죽** 재료로 녹차 반죽을 만들어주세요. TIP

휴지시키기 녹차 반죽을 비닐에 넣고 평평하게 눌러 1시간 정도 냉장해 휴지시켜주세요.

반죽 밀기 휴지시킨 플레인 반죽과 녹차 반죽을 꺼내 2~3mm 두께의 사각 모양으로 밀어주세요.

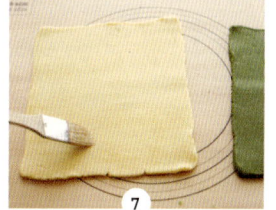

반죽 겹치기 플레인 반죽의 윗면에 달걀물을 살짝 바른 뒤 녹차 반죽을 올려 겹쳐주세요.

말아 굳히기 겹친 반죽을 천천히 말아 유산지로 감싼 뒤 1시간 정도 냉동해 단단하게 굳혀주세요.

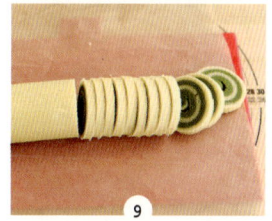

썰기 굳힌 반죽을 꺼내 8mm 두께로 썰어주세요.

굽기 오븐팬에 종이호일을 깔고 반죽을 올린 뒤 170~180℃로 예열한 오븐에 넣어 20분간 구워주세요.

TIP 가루 재료를 체에 내릴 때 녹차가루도 함께 넣어 체에 내린 뒤 섞어주세요. 녹차가루 대신 말차가루를 사용하면 쓴맛도 적고 색깔이 훨씬 진하게 나요.

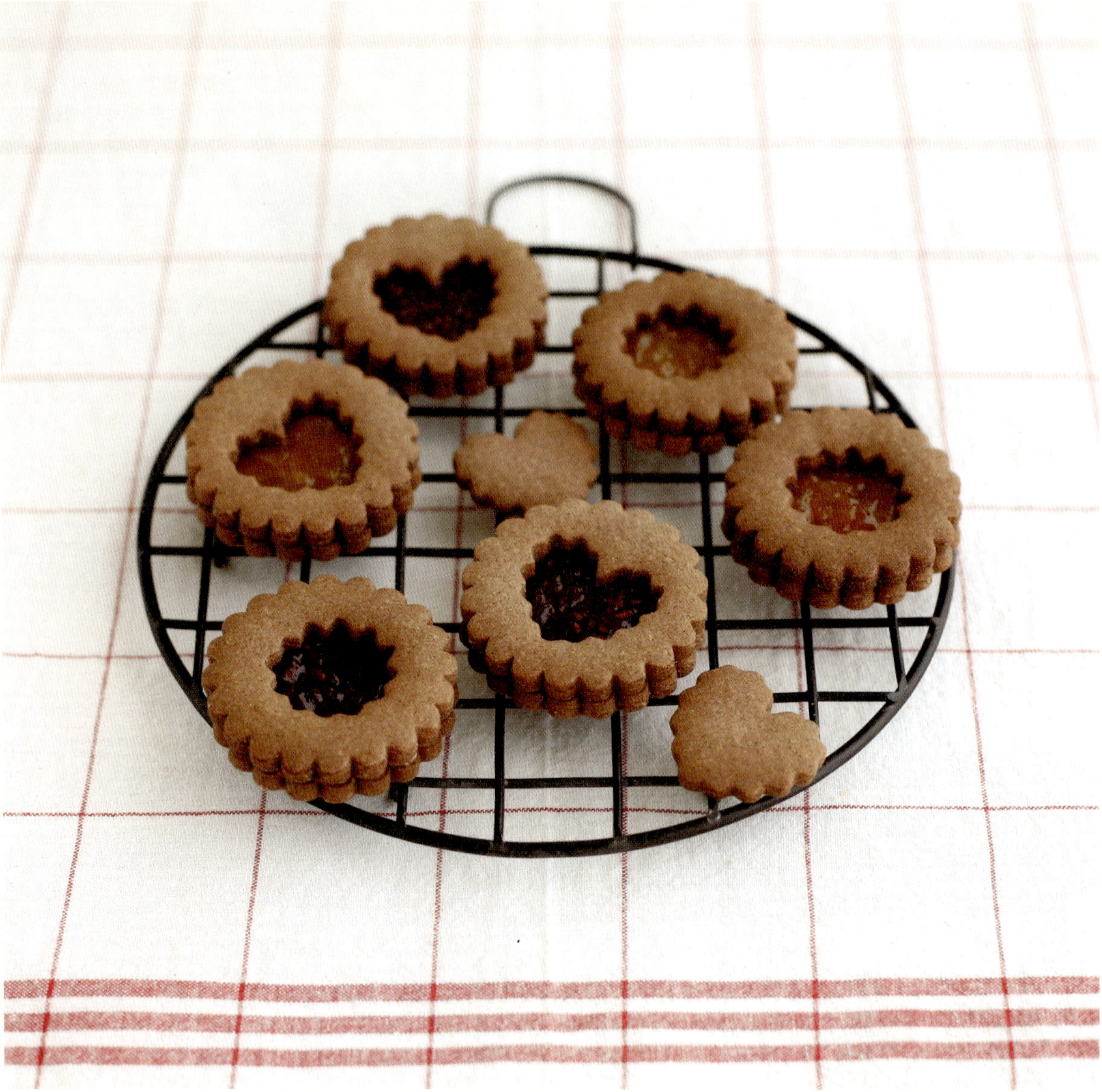

쨈쿠키

평소 쨈을 빵에 발라 먹기만 했다면, 이제 쿠키 속에 넣어서 더 맛있게 즐겨보세요. 다양한 크기의
모양틀을 이용해 만드는 쨈쿠키는 앙증맞은 모양새 때문에 선물용으로 인기가 좋아요.

박력분 100g, 슈가파우더 50g, 아몬드가루 35g, 무가당 코코아가루 3g, 시나몬파우더 2g
소금 약간, 버터 70g, 달걀 15g, 잼 적당량
분량 외 재료 반죽을 밀 때 바닥에 뿌릴 덧가루 약간

버터 크림화 부드러운 버터를 볼에 넣고 저어 풀어준 뒤 슈가파우더, 소금을 넣고 섞어주세요.

달걀 넣기 버터 색이 뽀얗게 되면 달걀을 풀어 넣고 섞어주세요.

가루 재료 넣기 버터와 달걀이 고루 섞이면 박력분, 아몬드가루, 무가당 코코아가루, 시나몬파우더를 체에 내려 넣고 섞어 반죽을 만들어주세요.

반죽 치대기 반죽이 한 덩어리로 뭉쳐지면 볼에서 꺼내 손바닥으로 반죽을 뭉개듯 서너 번 치대주세요.

휴지시키기 치댄 반죽을 한 덩어리로 뭉쳐 비닐에 넣고 평평하게 눌러준 뒤 1시간 정도 냉장해 휴지시켜요.

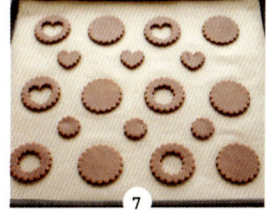

반죽 밀어 찍기 휴지시킨 반죽을 꺼내 3mm 두께로 밀어준 뒤 주름원형틀로 찍어주세요. 틀로 찍은 반죽 중 절반은 그보다 작은 틀로 한 번 더 찍어 구멍을 내주세요.

굽기 찍은 반죽을 오븐팬 위에 올린 뒤 170~180℃로 예열한 오븐에 넣고 15분간 구워 식혀주세요.

잼 발라 쿠키 겹치기 주름원형틀로 찍은 쿠키에 잼을 바른 뒤 구멍을 낸 쿠키를 겹쳐주세요. TIP

TIP 완성된 잼쿠키에 슈가파우더를 뿌려 장식해도 좋아요.

170℃

15분

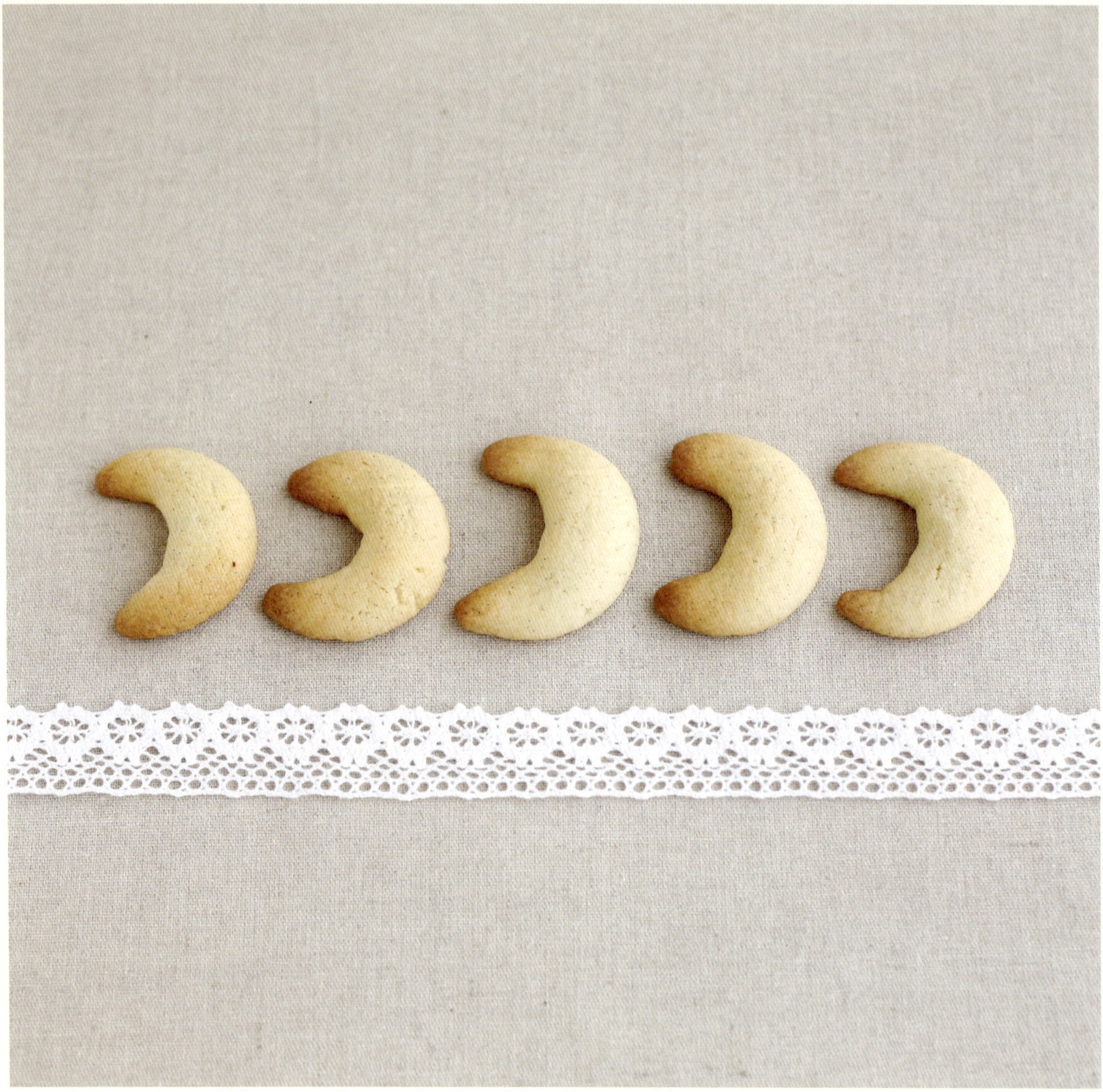

초승달바닐라쿠키

말굽모양의 키펠쿠키를 약간 변형해서 만든 초승달모양 쿠키예요. 달걀을 넣지 않는 대신 바닐라
빈과 우유로 만들기 때문에 담백한 맛이 일품이에요. 만드는 방법과 재료가 간단해서 순식간에 뚝
딱 만들 수 있답니다.

박력분 150g, 설탕 60g, 아몬드가루 50g, 버터 100g, 우유 20㎖, 바닐라빈 1/2개

바닐라빈 준비하기 바닐라빈을 반으로 갈라 안쪽의 바닐라빈을 긁어 준비하세요.

버터 크림화 부드러운 버터를 볼에 넣고 저어 풀어준 뒤 설탕을 넣어 섞어주세요.

바닐라빈 넣기 버터 색이 뽀얗게 되면 준비한 바닐라빈을 넣고 섞어주세요.

우유 넣기 바닐라빈이 고루 섞이면 우유를 조금씩 넣어가며 섞어주세요.

가루 재료 넣기 우유가 고루 섞이면 박력분, 아몬드가루를 체에 내려 넣고 가루가 보이지 않도록 섞어 반죽을 만들어주세요.

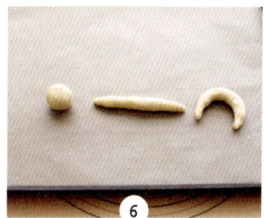

성형하기 반죽을 13~17g씩 떼어 초승달 모양으로 성형해주세요. TIP

굽기 오븐팬 위에 종이호일을 깔고 성형한 반죽을 올린 뒤 170℃로 예열한 오븐에 넣고 15분간 구워주세요.

TIP 반죽을 조금씩 떼어 조그맣게 만들어야 구웠을 때 모양이 예쁘고 선물로 포장할 때도 편해요.

Cookie

 180℃

 20분

버터링쿠키

풍부한 버터 향 때문에 티타임마다 자꾸 찾게 돼는 버터링쿠키. 반죽을 짤주머니에 넣고 짤 때는
다양한 모양으로 짜서 만들어보세요. 나만의 취향이 돋보이는 특별한 버터링쿠키를 만들 수 있답
니다.

박력분 125g, 슈가파우더 60g, 소금 약간, 버터 80g, 달걀흰자 30g, 피스타치오 적당량

버터 크림화 부드러운 버터를 볼에 넣고 저어 풀어준 뒤 슈가파우더, 소금을 넣고 섞어주세요.

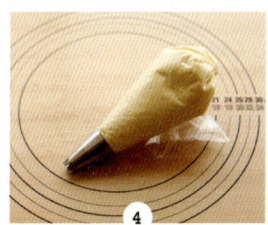

달걀흰자 넣기 버터가 뽀얗게 되면 달걀흰자를 풀어 나눠 넣어가며 분리되지 않도록 섞어주세요.

박력분 넣기 버터와 달걀흰자가 고루 섞이면 박력분을 체에 내려 넣고 섞어 반죽을 만들어주세요.

짤주머니에 반죽 넣기 별깍지를 끼운 짤주머니에 반죽을 넣어주세요.

반죽 짜기 오븐팬 위에 반죽을 동그랗게 짜주세요.

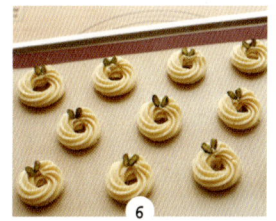

굽기 짜놓은 반죽 윗면에 피스타치오를 올려 장식한 뒤 180℃로 예열한 오븐에 넣고 20분간 구워주세요. TIP

TIP 윗면에 피스타치오 대신 호두나 피칸을 올려 구워도 좋아요.

Cookie

 170℃  12~15분

아몬드튀일

재료와 만드는 법은 간단해도, 고급 제과점에서 파는 상품처럼 근사해 보이죠? 아몬드뿐만 아니라 참깨, 코코넛 등을 이용해 다양하게 응용해보세요. 그냥 먹어도 좋지만 케이크 장식 등으로 활용해도 아주 좋답니다.

달걀흰자 50g, 슬라이스아몬드 65g, 박력분 5g, 설탕 40g, 버터 15g

달걀흰자 간하기 달걀흰자와 설탕을 볼에 넣고 고루 섞어주세요.

녹인 버터 넣기 슬라이스아몬드가 고루 섞이면 버터를 녹여 넣고 섞어 반죽을 만들어주세요.

박력분 넣기 설탕이 녹으면 박력분을 체에 내려 넣고 섞어주세요.

굽기 오븐팬 위에 반죽을 한 숟갈씩 올리고 숟가락으로 최대한 얇게 편 뒤 170℃로 미리 예열된 오븐에 넣고 12~15분간 구워주세요.

슬라이스아몬드 넣기 가루가 보이지 않을 정도로 고루 섞이면 슬라이스아몬드를 넣고 섞어주세요.

성형하기 오븐에서 꺼내자마자 밀대에 올려 동그랗게 말아주세요. TIP

> **TIP** 튀일을 오븐에서 꺼내서 조금이라도 시간을 지체하면 금방 식어 성형하기 어려우니 꼭 꺼내자마자 바로 밀대에 올려주세요.

Cookie

180℃

13~15분

다쿠아즈

아몬드가루를 듬뿍 넣어 만드는 머랭 과자 중 하나인 다쿠아즈는 마카롱에 버금가는 프랑스의 대
표적인 쿠키예요. 만들기 어려워 보이지만 볼 하나만으로 쉽게 만들 수 있으니 꼭 시도해보세요.

박력분 20g, 아몬드가루 75g, 슈가파우더 50g, 설탕 40g, 달걀흰자 100g
분량 외 재료 반죽에 뿌릴 슈가파우더 적당량, 다진 호두 적당량, 땅콩버터 적당량

달걀흰자, 설탕 섞기 달걀흰자를 볼에 넣고 거품기나 핸드믹서로 거품을 풍성하게 올려준 뒤 설탕을 나눠 넣어가며 거품을 올려주세요.

머랭 만들기 뿔이 뾰족하게 서는 단단한 머랭으로 만들어주세요.

가루 재료 넣기 머랭에 박력분, 아몬드가루, 슈가파우더를 체에 내려 넣고 섞어 반죽을 만들어주세요. TIP

짤주머니에 반죽 넣기 원형깍지를 끼운 짤주머니에 반죽을 넣어주세요.

반죽 짜기 오븐팬 위에 반죽을 둥근 모양으로 도톰하게 짜주세요.

굽기 반죽의 윗면에 슈가파우더, 다진 호두, 슈가파우더 순으로 뿌린 뒤 180℃로 예열한 오븐에 넣고 13∼15분간 구워주세요.

다쿠아즈 겹치기 구워낸 다쿠아즈를 식힌 뒤 땅콩버터를 얇게 바르고 다른 다쿠아즈로 겹쳐주세요.

TIP 가루 재료를 넣고 섞을 때 너무 오래 섞으면 반죽이 묽어질 수 있으니 주의하세요.

180℃

17~19분

Cookie

통밀쿠키

통밀가루는 비타민, 무기질, 식이섬유, 효소 등 다양한 영양소가 풍부하기 때문에 흰밀가루보다
건강에 훨씬 좋아요. 통밀가루로 쿠키를 만들면 건강에 좋을 뿐만 아니라 색이 노릇노릇 먹음직스
럽기 때문에 자주 사용하는 식재료랍니다.

Ready {지름 7cm 주름원형틀 크기 15~17개}
통밀가루 150g, 황설탕 60g, 베이킹파우더 1g, 베이킹소다 1g, 소금 1g, 버터 75g, 달걀 25g
분량 외 재료 반죽을 밀 때 바닥에 뿌릴 덧가루 약간

버터 크림화 부드러운 버터를 볼에 넣고 저어 풀어준 뒤 황설탕, 소금을 넣고 섞어주세요.

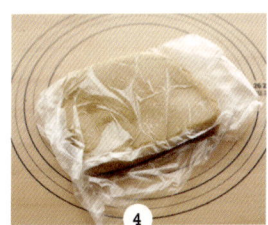

달걀 넣기 버터 색이 뽀얗게 되면 달걀을 풀어 조금씩 넣어가며 섞어주세요.

가루 재료 넣기 버터와 달걀이 고루 섞이면 통밀가루, 베이킹파우더, 베이킹소다를 체에 내려 넣고 섞어 반죽을 만들어주세요.

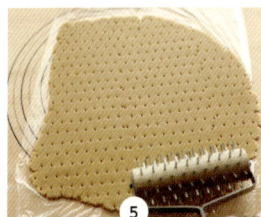

휴지시키기 반죽을 한 덩어리로 뭉쳐 비닐에 넣고 평평하게 눌러준 뒤 1시간 정도 냉장해 휴지시켜주세요.

반죽 밀어 공기구멍 내기 휴지시킨 반죽을 꺼내 3mm 정도 두께로 밀어준 뒤 피케롤러로 반죽 윗면에 공기구멍을 내주세요. TIP

굽기 주름원형틀로 공기구멍을 낸 반죽을 찍은 뒤 종이호일을 깐 오븐팬 위에 올리고 180℃로 예열한 오븐에 넣어 17~19분간 구워주세요.

TIP 반죽을 밀 때 작업대에 랩을 깔고 밀면 떼어낼 때 수월해요. 피케롤러가 없을 때는 포크로 찍어 구멍을 내도 좋아요.

 180℃

 30~35분

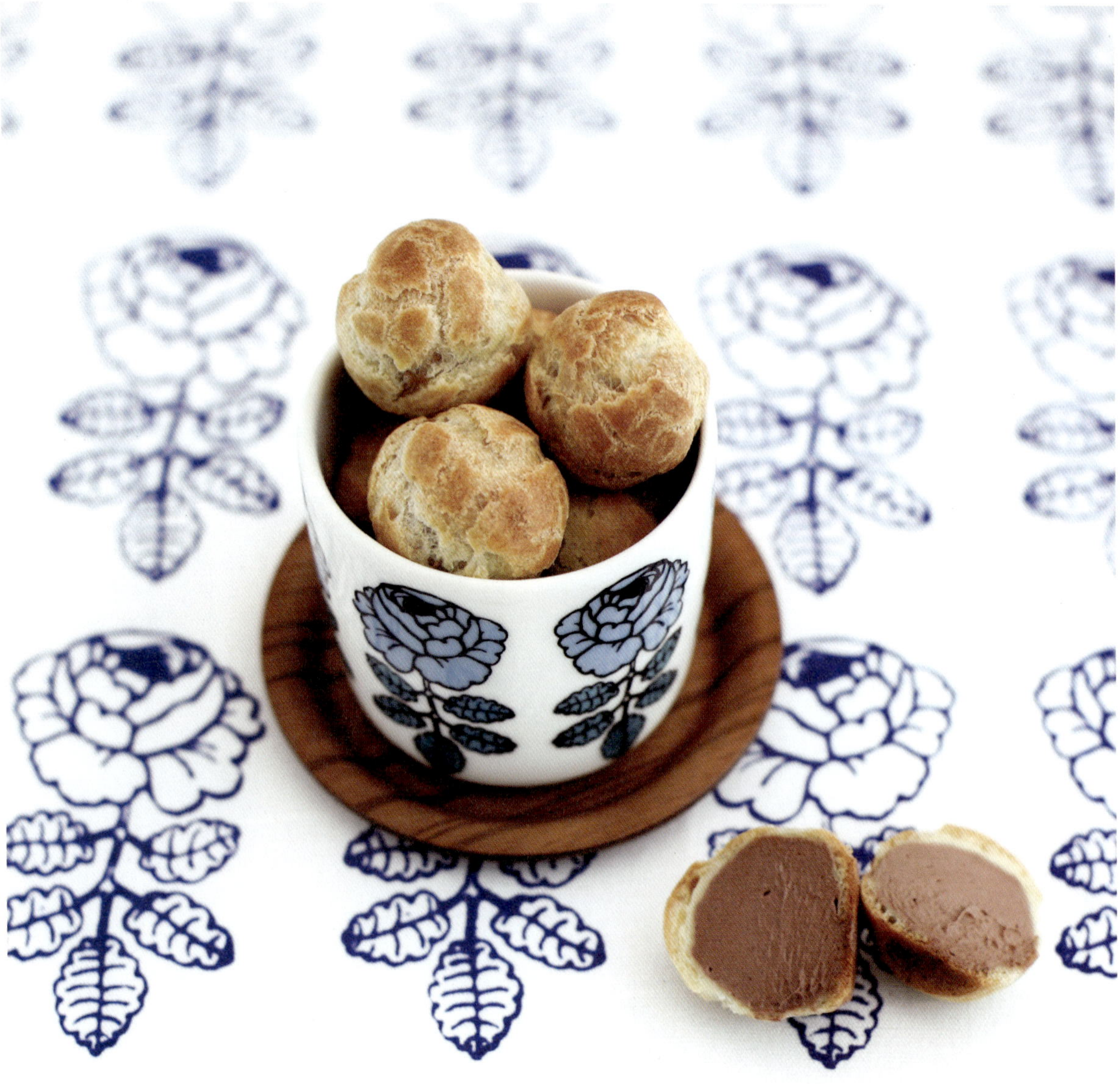

가나슈초코슈

양배추 모양을 닮은 슈는 밀가루 반죽을 잘 볶아주어야만 예쁘게 부풀어 올라요. 작고 바삭바삭한
슈 껍질 안으로 부드러운 가나슈를 듬뿍 넣어 살짝 얼려 먹으면 아이스크림처럼 시원하면서도 부
드러운 여름 디저트가 완성됩니다.

박력분 60g, 설탕 2g, 소금 2g, 버터 40g, 달걀 100g, 물 90㎖

가나슈 생크림 200㎖, 다크초콜릿 100g

가나슈 만들기 분량의 **가나슈** 재료의 생크림은 냄비에 넣고 끓어오르기 직전까지만 데운 뒤 다크초콜릿과 함께 볼에 넣고 섞어 냉장하세요.

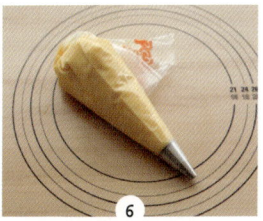

짤주머니에 반죽 넣기 원형 깍지를 끼운 짤주머니에 반죽을 넣어주세요.

버터 끓이기 버터, 설탕, 소금, 물을 냄비에 넣고 거품이 살짝 올라올 때까지 약불로 끓여주세요.

반죽 짜기 오븐팬 위에 종이 호일을 깐 뒤 반죽을 백 원짜리 동전 크기로 짜주세요.
TIP 2

박력분 넣기 끓기 시작하면 불을 끄고 박력분을 체에 내려 섞어주세요.

구운 뒤 구멍 뚫기 180℃로 예열한 오븐에 넣고 30~35분간 구운 뒤 식혀서 밑면에 젓가락으로 구멍을 뚫어주세요. TIP 3

뭉치기 가루가 보이지 않을 정도로 고루 섞이면 중불로 2~3분 정도 볶아 한 덩어리로 뭉쳐지면 불을 꺼주세요.

초코크림 만들기 냉장해둔 가나슈를 꺼내 거품기나 핸드믹서로 휘핑해서 초코크림을 만드세요.

달걀 넣기 볼에 옮겨 담고 식기 전에 달걀을 풀어 나눠 넣어가며 섞어 반죽을 만들어 주세요. TIP 1

슈에 초코크림 넣기 구멍이 작은 깍지를 끼운 짤주머니에 초코크림을 넣은 뒤 구멍을 낸 슈 속에 듬뿍 짜 넣어주세요.

TIP 1 반죽을 떠올렸을 때 아래로 쳐지면서 삼각뿔 모양이 되면 적당한 정도예요. 반죽이 너무 흘러내리거나 너무 되직해서 삼각뿔 모양이 되지 않는다면 달걀의 양을 조절하며 적당한 반죽 상태로 만들어주세요.

TIP 2 손가락에 물을 묻혀 반죽 윗면을 살짝 눌러주면 매끈하게 만들 수 있어요.

TIP 3 슈를 굽는 동안에는 절대 오븐 문을 열면 안 돼요. 오븐 문을 여는 순간 슈가 푹 꺼져버릴 수 있답니다.

 170℃　 10~15분

가나슈쿠키

진한 초콜릿 맛이 일품인 가나슈를 쿠키 사이에 샌드해서 만든 초코 쿠키예요. 얇은 쿠기 사이에
부드러운 가나슈가 들어 있어 다양한 질감을 느낄 수 있죠. 볼 하나만으로 간단하게 만들 수 있고,
색이 예뻐 선물용으로 그만인 가나슈쿠키를 소개합니다.

Ready {지름 6cm 주름원형틀 크기 6개}
박력분 120g, 슈가파우더 40g, 아몬드가루 30g, 코코아가루 18g, 버터 80g, 달걀 22g, 소금 약간
가나슈 생크림 60g, 밀크초콜릿(또는 다크초콜릿) 100g
분량 외 재료 반죽을 밀 때 바닥에 뿌릴 덧가루 약간

가나슈 만들기 가나슈 재료로 112쪽을 참고해 가나슈를 만든 뒤 식혀서 짤주머니에 넣어주세요.

반죽 밀기 휴지시킨 반죽을 2mm 두께로 얇게 밀어주세요. TIP 1

버터 크림화 부드러운 버터를 볼에 넣고 저어서 풀어준 뒤 슈가파우더와 소금을 넣고 섞어주세요.

공기구멍 뚫기 얇게 민 반죽 윗면에 피케롤러로 공기구멍을 내주세요. TIP 2

달걀 넣기 버터 색이 뽀얗게 되면 달걀을 풀어 넣고 섞어주세요.

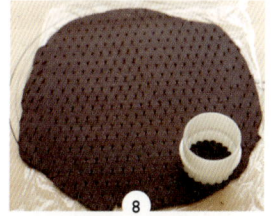

틀로 찍기 공기구멍을 낸 반죽을 주름원형틀로 찍어주세요.

가루 재료 넣기 버터와 달걀이 고루 섞이면 박력분, 아몬드가루, 코코아가루를 체에 내려 넣고 섞어 반죽을 만들어주세요.

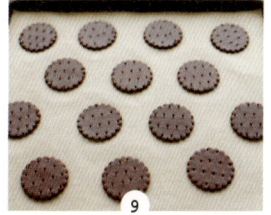

굽기 오븐팬 위에 종이호일을 깔고 찍은 반죽을 올린 뒤 170℃로 예열한 오븐에 넣어 10~15분간 구운 뒤 식혀주세요.

휴지시키기 반죽을 비닐에 넣고 평평하게 펴서 1시간 정도 냉장해 휴지시켜요.

샌딩하기 쿠키 한쪽 면에 가나슈를 동그랗게 짠 뒤 다른 쿠키로 덮어주세요.

TIP 1 반죽은 시원한 곳에서 재빨리 밀수록 좋아요. 되도록 얇게 밀어야 바삭한 쿠키를 만들 수 있어요.
TIP 2 피케롤러가 없다면 포크를 이용해 공기구멍을 내주세요.

머핀과 스콘은 각각 다른 질감과 만드는 과정을 가진 구움 과자예요. 머핀은 휴지시키거나 발효시키는 과정이 없어 만들기 쉽고, 가벼우면서도 폭신폭신한 질감이 특징이에요. 스콘은 휴지시킨 뒤 반죽을 여러 번 밀어 만들어야 하고 묵직하면서도 바삭한 질감이 특징이라 조금만 먹어도 든든하죠. 차이점만큼 매력도 많은 두 가지 구움 과자를 다양하게 만들어보세요. 콩가루를 넣어서 고소하게 만들거나, 홍차가루를 넣어서 은은하게 만들거나, 아몬드나 초콜릿칩을 넣어서 다양한 질감을 느낄 수 있게 만들어보세요. 먹어도 먹어도 365일 자꾸만 손이 가는, 질리지 않는 두 가지 구움 과자를 소개합니다.

Part 3

나른한 오후의 티타임
머핀&스콘

바닐라머핀

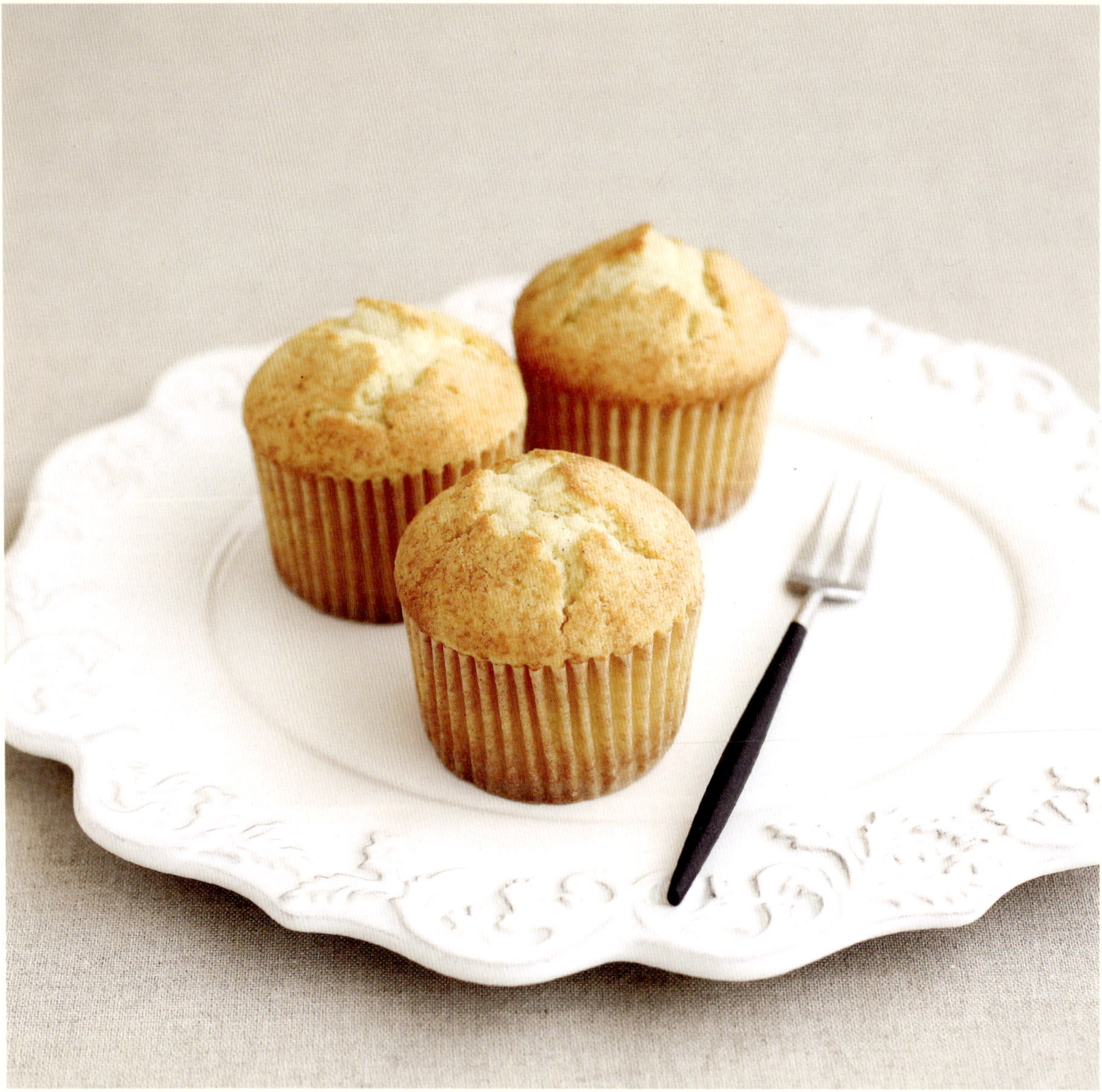

영국식 머핀인 잉글리쉬머핀은 이스트를 넣어 발효한 다음 굽는 과정을 거치지만, 미국식 머핀은
베이킹파우더를 넣어 단시간에 볼록하게 부풀려 굽는 과정을 거쳐요. 지금 소개하는 바닐라머핀
은 미국식 머핀으로, 만들기 쉽고 부드러운 질감을 갖고 있답니다.

Ready {지름 7cm 머핀컵 크기 4~5개}
박력분 120g, 설탕 55g, 베이킹파우더 1ts, 소금 약간, 버터 60g, 달걀 50g, 우유 60㎖, 바닐라빈 1/2개

바닐라빈 준비하기 바닐라빈은 씨 부분만 긁어 준비해두세요. **TIP**

가루 재료 넣기 바닐라빈이 고루 섞이면 박력분, 베이킹파우더를 체에 내려 넣고 가볍게 섞어주세요.

버터 크림화 부드러운 버터를 볼에 넣고 저어 풀어준 뒤 설탕, 소금을 넣고 섞어주세요.

우유 넣기 가루가 보이지 않을 정도로 고루 섞이면 우유를 넣고 섞어 반죽을 만들어주세요.

달걀 넣기 버터 색이 뽀얗게 되면 달걀을 풀어 나눠 넣어가며 섞어주세요.

짤주머니에 반죽 넣기 반죽을 짤주머니에 넣어주세요.

바닐라빈 넣기 버터와 달걀이 고루 섞이면 긁어둔 바닐라빈 씨 부분을 넣고 섞어주세요.

굽기 머핀컵에 유산지를 깔고 반죽을 채운 뒤 180℃로 예열한 오븐에 넣어 25분간 구워주세요.

TIP 바닐라빈이 없을 때는 바닐라설탕 1g이나 바닐라오일 5~6방울 정도로 대체해주세요.

 180℃
 25분

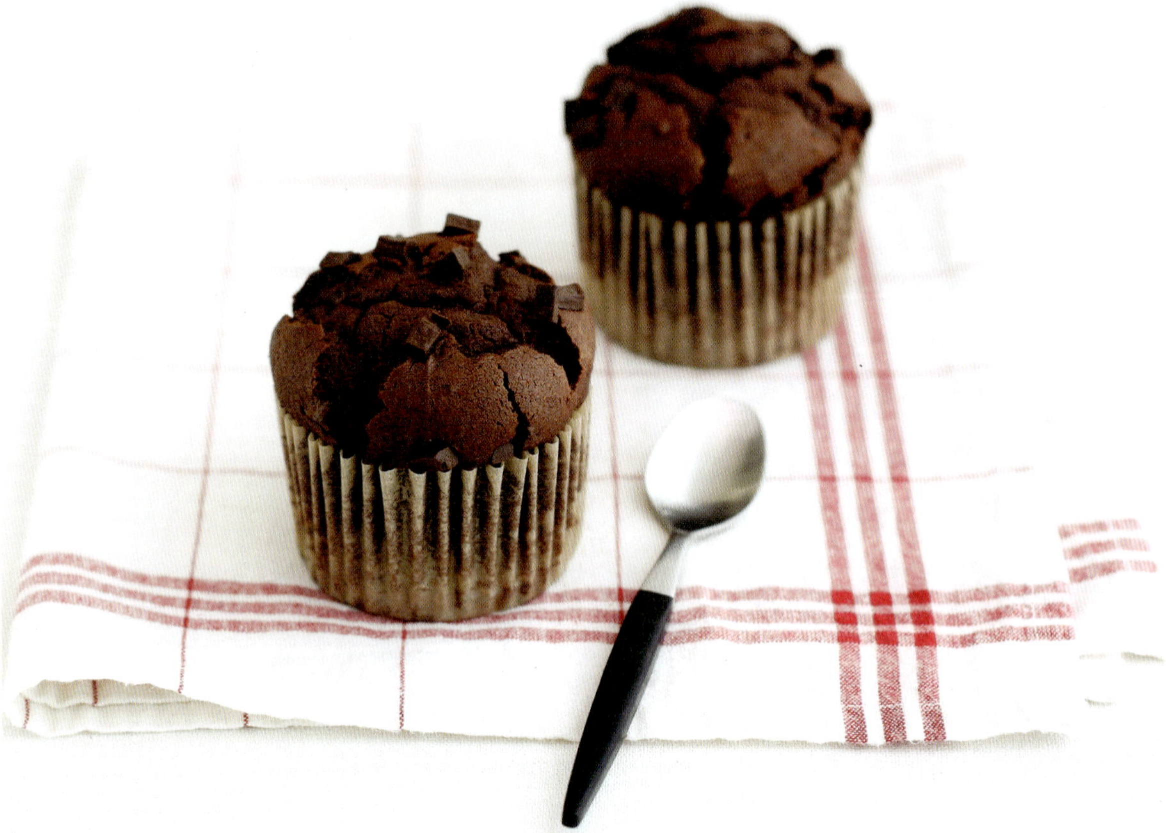

초콜릿칩머핀

머핀은 레시피의 배합이나 재료, 과정 모두 간단하기 때문에 얼마든지 취향에 맞게 응용해서 만들
수 있어요. 초콜릿칩머핀을 만들 때 달지 않게 만들고 싶다면 다크초콜릿칩을 사용해도 좋아요.
초콜릿칩과 함께 호두나 피칸 같은 견과류를 넣어 만들면 질감도 좋고 맛도 잘 어울리는 건강 머
핀이 완성된답니다.

박력분 105g, 황설탕 35g, 무가당 코코아가루 15g, 베이킹파우더 1ts, 소금 약간, 버터 60g,
달걀 50g, 우유 60㎖, 꿀 20g, 초콜릿칩 40g

버터 크림화 부드러운 버터를 볼에 넣고 저어 풀어준 뒤 황설탕, 꿀, 소금을 넣고 섞어주세요. TIP

달걀 넣기 버터 색이 뽀얗게 되면 달걀을 풀어 나눠 넣어가며 섞어주세요.

가루 재료 넣기 버터와 달걀이 고루 섞이면 박력분, 무가당 코코아가루, 베이킹파우더를 체에 내려 넣고 섞어주세요.

우유 넣기 가루가 보이지 않을 정도로 고루 섞이면 우유를 넣고 섞어 반죽을 만들어주세요.

초콜릿칩 넣기 초콜릿칩을 5g만 남긴 뒤 남은 35g의 초콜릿칩을 반죽에 넣고 섞어주세요.

굽기 머핀컵에 유산지를 깔고 반죽을 채워 남겨둔 초콜릿칩 5g을 얹은 뒤 180℃로 예열한 오븐에 넣고 25분간 구워주세요.

TIP 머핀에 들어가는 모든 재료들은 냉장고에서 바로 꺼내서 사용하지 말고 반드시 실온에 두어 온도를 올려서 사용하세요. 특히 달걀과 버터는 차가운 상태에서 섞으면 분리 현상이 나타날 수 있으니 주의하세요.

콩가루머핀

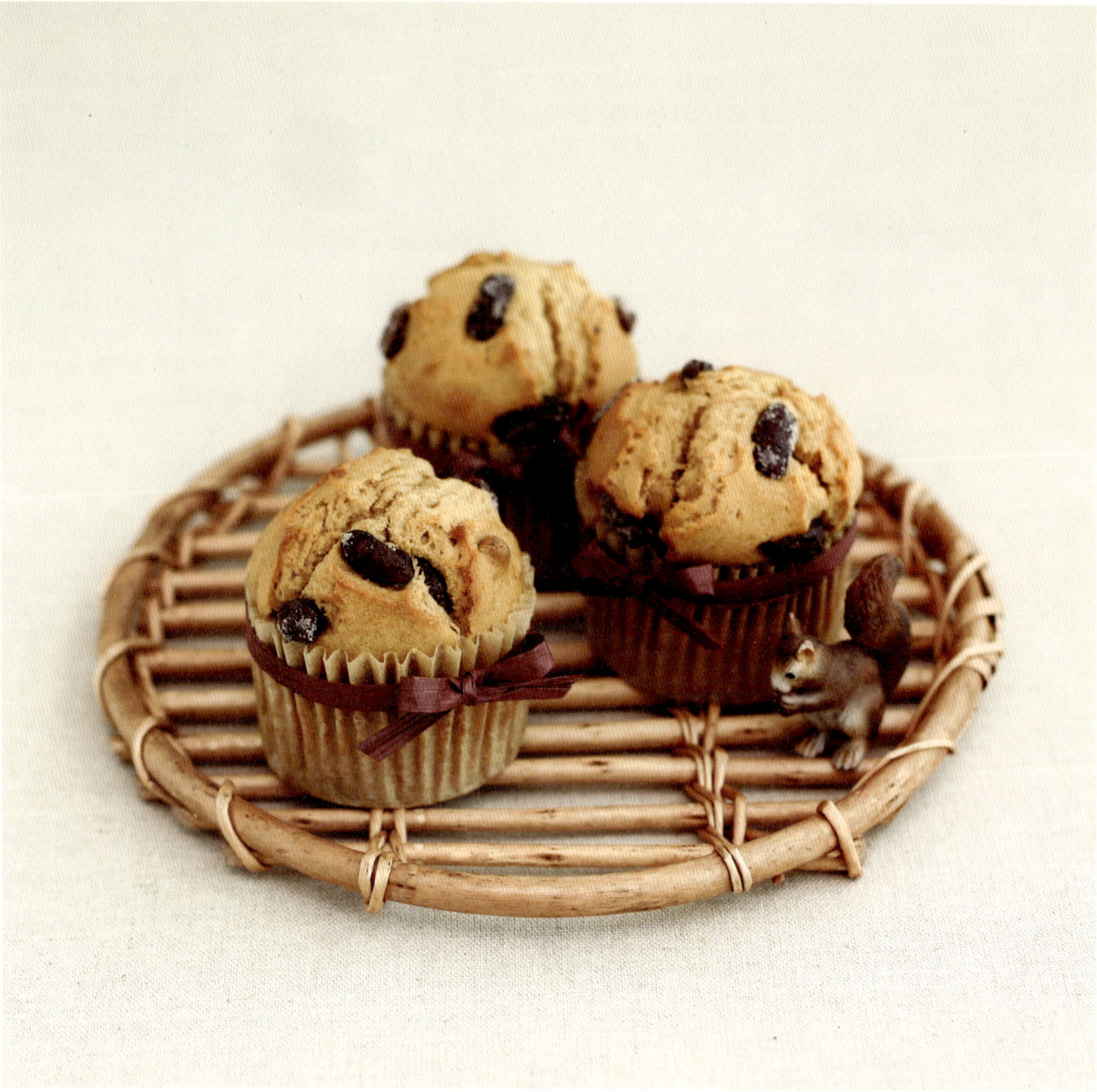

콩가루와 강낭콩은 베이킹과 어울리지 않을 것 같지만 막상 만들어 먹어보면 고소하고 씹는 맛이 있어 남녀노소 누구나 반한답니다. 우유 대신 두유를 넣으면 콩가루와 맛이 잘 어울려서 더욱 고소하고 맛있어요.

박력분 110g, 황설탕 50g, 볶은 콩가루 10g, 베이킹파우더 1ts, 소금 약간, 버터 60g,
달걀 50g, 우유(또는 두유) 60㎖, 강낭콩배기 40g

버터 크림화 부드러운 버터
는 볼에 넣고 저어 풀어준 뒤
황설탕, 소금을 넣고 섞어주
세요.

달걀 넣기 버터 색이 뽀얗게
되면 달걀을 풀어 나눠 넣어
가며 섞어주세요.

가루 재료 넣기 버터와 달걀
이 고루 섞이면 박력분, 볶은
콩가루, 베이킹파우더를 체에
내려 넣고 섞어주세요.

우유 넣기 가루가 보이지 않
을 정도로 고루 섞이면 우유
를 넣고 섞어 반죽을 만들어
주세요.

강낭콩배기 넣기 강낭콩배기
를 10g만 남기고 남은 30g의
강낭콩배기를 반죽에 모두
넣고 섞어주세요. TIP

굽기 머핀컵에 유산지를 깔
고 반죽을 채우고 남겨둔
강낭콩배기 10g을 얹은 뒤
180℃로 예열된 오븐에 넣고
25분간 구워주세요.

TIP 강낭콩배기는 제과제빵 재료상에서 구입해 사용해도 되지만 집에서 만들어 사용하면 더욱 건강한 머
핀을 만들 수 있어요. 강낭콩을 한번 삶아 건진 뒤 물과 설탕을 1:1 비율로 냄비에 넣어 끓여서 시럽
을 만들어주세요. 만든 시럽에 삶아둔 강낭콩을 넣고 살살 저어가며 윤기나도록 조려내면 완성됩니
다. 시럽은 강낭콩의 1/3 정도 분량으로 준비해주세요.

녹차머핀

녹차가루나 말차가루는 머핀, 쿠키, 파운드케이크 등에 넣었을 때 예쁜 녹색을 내는 천연색소 역할을 하기도 해요. 쌉쌀한 녹차 특유의 맛을 느낄 수 있어 단맛을 중화시켜주기도 하지요. 녹차가루 대신 말차가루를 사용하면 텁텁한 맛과 쓴맛이 적어 더 맛있어요.

박력분 115g, 설탕 50g, 녹차가루(또는 말차가루) 5g, 베이킹파우더 1ts, 소금 약간, 버터 60g, 달걀 50g, 우유 60㎖

버터에 크림화 부드러운 버터를 볼에 넣고 저어 풀어준 뒤 설탕, 소금을 넣고 섞어주세요. TIP 1

달걀 넣기 버터 색이 뽀얗게 되면 달걀을 풀어 나눠 넣어가며 섞어주세요.

가루 재료 넣기 버터와 달걀이 고루 섞이면 박력분, 녹차가루, 베이킹파우더를 체에 내려 넣고 섞어주세요.

우유 넣기 녹차 색이 진하게 나면 우유를 넣고 섞어 반죽을 만들어주세요.

굽기 머핀컵에 유산지를 깔고 반죽을 채운 뒤 180℃로 예열한 오븐에 넣고 25분간 구워주세요. TIP 2

TIP 1 머핀을 만들 때 사용하는 버터는 실온에서 부드럽게 녹아 있는 상태여야 잘 섞여요.

TIP 2 머핀틀을 사용하는 대신 제과제빵 재료상에서 판매하는 은박지 머핀컵에 유산지를 깔아 사용하는 방법이에요. 유산지를 깔아 사용하면 은박지 머핀컵을 재사용할 수 있어 좋아요.

 180℃

 25분

당근머핀

항산화 효과가 뛰어난 베타카로틴 성분을 많이 함유하고 있는 당근은 칼로리도 낮고 색도 예뻐 베이킹에 활용하면 좋은 채소예요. 흡연하는 아빠에게, 다이어트 중인 친구에게, 편식하는 아이에게, 건강에 좋은 당근머핀을 선물해주세요.

박력분 120g, 설탕 40g, 베이킹파우더 1ts, 소금 약간, 버터 60g, 달걀 50g, 우유 40㎖, 꿀 15g, 당근 1/3개(60g)

당근 갈기 당근은 껍질을 벗긴 뒤 강판이나 블렌더로 갈아주세요.

버터 크림화 부드러운 버터를 볼에 넣고 저어 풀어준 뒤 설탕, 꿀, 소금을 넣고 섞어주세요.

달걀 넣기 버터 색이 뽀얗게 되면 달걀을 풀어 나눠 넣어가며 섞어주세요.

당근 넣기 버터와 달걀이 고루 섞이면 갈아둔 당근을 넣고 섞어주세요.

가루 재료 넣기 당근 색이 진하게 나면 박력분과 베이킹파우더를 체에 내려 넣고 섞어주세요.

우유 넣기 가루가 보이지 않을 정도로 고루 섞이면 우유를 넣고 섞어 반죽을 만들어주세요.

굽기 머핀컵에 유산지를 깔고 반죽을 채운 뒤 180℃로 예열된 오븐에 넣고 25분간 구워주세요. TIP

TIP 사용하는 오븐에 따라 구워지는 상태가 조금씩 달라질 수 있기 때문에 오븐을 들여다보면서 체크해주세요. 얇은 대나무꼬치로 머핀을 찔러보고 반죽이 묻어나오지 않으면 다 익은 상태랍니다.

산딸기잼머핀

구입해둔 지 오래된 잼은 빵을 먹을 때 빼고는 사용할 일이 별로 없는 식재료 중 하나죠. 색이 고운 산딸기잼이나 블루베리잼, 오렌지잼 등을 머핀 반죽에 넣어 가볍게 섞은 뒤 구워내면 마블 모양이 생겨 독특한 나만의 머핀을 만들 수 있어요.

박력분 120g, 설탕 40g, 베이킹파우더 1ts, 소금 약간, 버터 60g, 달걀 50g, 우유 60㎖, 산딸기쨈 30g

버터 크림화 부드러운 버터를 볼에 넣고 저어 풀어준 뒤 설탕과 소금을 넣고 섞어주세요.

우유 넣기 가루가 보이지 않을 정도로 고루 섞이면 우유를 넣고 섞어 반죽을 만들어주세요.

달걀 넣기 버터 색이 뽀얗게 되면 달걀을 풀어 나눠 넣어가며 섞어주세요.

쨈 넣기 산딸기쨈을 반죽에 흘려 넣은 뒤 서너 번 가볍게 섞어 마블을 만들어주세요. **TIP**

가루 재료 넣기 버터와 달걀이 고루 섞이면 박력분, 베이킹파우더를 체에 내려 넣고 섞어주세요.

굽기 머핀컵에 유산지를 깔고 산딸기쨈을 섞은 반죽을 채운 뒤 180℃로 예열한 오븐에 넣고 25분간 구워주세요.

TIP 산딸기쨈을 반죽에 넣고 섞을 때 너무 많이 섞으면 산딸기쨈이 반죽에 모두 스며서 마블 무늬도 생기지 않고 전체적으로 단맛이 강해지니 주의하세요.

Muffin

180℃

25분

밀크티머핀

진하게 우린 홍차와 데운 우유를 섞어서 만드는 밀크티는 부드러운 맛과 은은한 향 때문에 식후
티타임을 가질 때 꼭 찾게 되는 차예요. 머핀 반죽에는 우유가 기본적으로 들어가기 때문에 티백
을 우유에 우린 뒤 그대로 넣으면 과정이 간단해져요.

Ready {지름 7cm 머핀컵 크기 4~5개}

박력분 120g, 황설탕 55g, 베이킹파우더 1ts, 얼그레이 티백 1/2개(1g), 소금 약간, 버터 60g, 달걀 50g
밀크티 우유 100㎖, 얼그레이 티백 2개(4g)

밀크티 만들기 냄비에 **밀크티** 재료를 넣고 끓어오를 때까지 약불로 끓인 뒤 뚜껑을 덮은 채로 5분 이상 진하게 우려내 식혀서 60㎖만 계량해두세요. TIP

가루 재료 넣기 버터와 달걀이 고루 섞이면 박력분, 베이킹파우더, 얼그레이 티백을 체에 내려 넣고 가볍게 섞어주세요.

버터 크림화 부드러운 버터를 볼에 넣고 저어 풀어준 뒤 황설탕, 소금을 넣고 섞어주세요.

밀크티 넣기 가루가 보이지 않을 정도로 고루 섞이면 계량해둔 60㎖의 밀크티를 넣고 고루 섞어 반죽을 만들어주세요.

달걀 넣기 버터 색이 뽀얗게 되면 달걀을 풀어 나눠 넣어가며 섞어주세요.

굽기 머핀컵에 유산지를 깔고 반죽을 채운 뒤 180℃로 예열한 오븐에 넣고 25분간 구워주세요.

TIP 빵을 만들 때 홍차 향을 첨가하고 싶다면 홍차 잎 대신 얼그레이 티백을 사용하는 게 더 향이 진하게 나요. 티백은 잎이 분쇄되어 있어 바로 넣어도 상관없지만 잎차의 경우 그대로 넣지 말고 갈아서 사용해야 해요.

180℃

25분

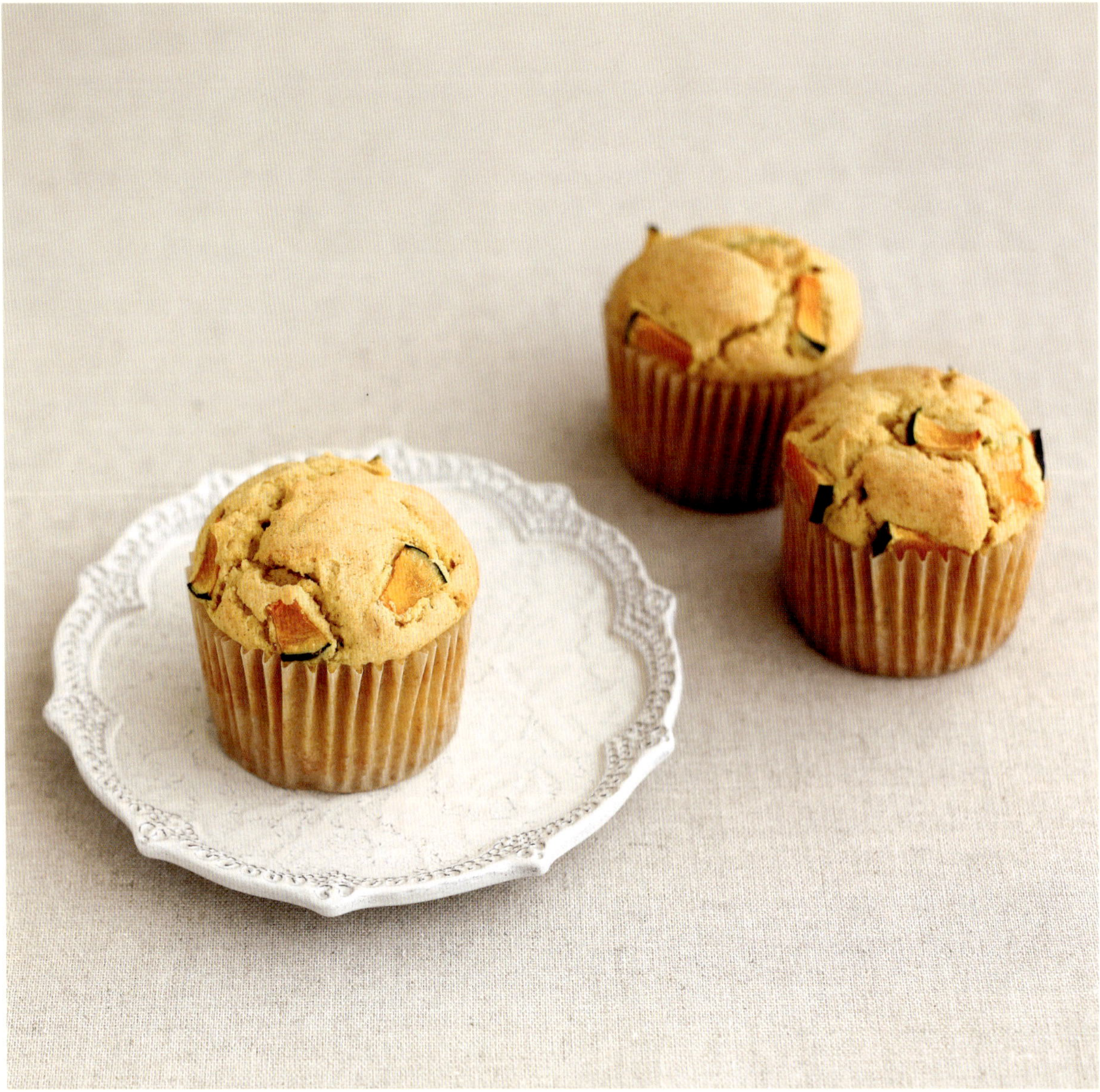

단호박시나몬머핀

포만감이 있으면서도 칼로리는 비교적 낮은 단호박은 베이킹과도 잘 어울려서 즐겨 쓰는 식재료 중 하나예요. 단호박시나몬머핀은 찐 단호박을 곱게 으깨 반죽에 넣고 단호박 슬라이스를 따로 넣어 단호박의 풍미가 전체적으로 풍부하게 느껴진답니다.

Ready {지름 7cm 머핀컵 크기 4~5개}
박력분 120g, 설탕 50g, 베이킹파우더 1ts, 시나몬파우더 1ts, 소금 약간, 버터 60g, 달걀 1개, 우유 40㎖,
단호박 페이스트 50g, 단호박 50g

단호박 손질하기 단호박은 얇
고 작게 썰어 준비해주세요.

가루 재료 넣기 단호박 페이
스트가 고루 섞이면 박력분,
베이킹파우더, 시나몬파우더
를 체에 내려 넣고 가볍게 섞
어주세요.

버터 크림화 부드러운 버터
를 볼에 넣고 저어 풀어준 뒤
설탕과 소금을 넣고 섞어주
세요.

우유 넣기 가루가 보이지 않
을 정도로 고루 섞이면 우유
를 넣고 섞어 반죽을 만들어
주세요.

달걀 넣기 버터 색이 뽀얗게
되면 달걀을 풀어 나눠 넣어
가며 섞어주세요.

단호박 넣기 반죽에 작게 썬
단호박을 넣고 가볍게 섞어
주세요.

단호박 페이스트 넣기 버터
와 달걀이 고루 섞이면 단호
박 페이스트를 넣고 섞어주
세요. TIP

굽기 머핀컵에 유산지를 깔
고 반죽을 채워 작게 썬 단호
박을 올린 뒤 180℃로 예열
한 오븐에 넣어 25분간 구워
주세요.

TIP 단호박 페이스트는 사용할 분량보다 약간 더 많은 양의 단호박을 계량해 전자레인지나 찜통에 넣고
익혀 노란 속만 긁어낸 뒤 핸드블렌더로 곱게 갈아 페이스트 상태로 만들어 사용해주세요.

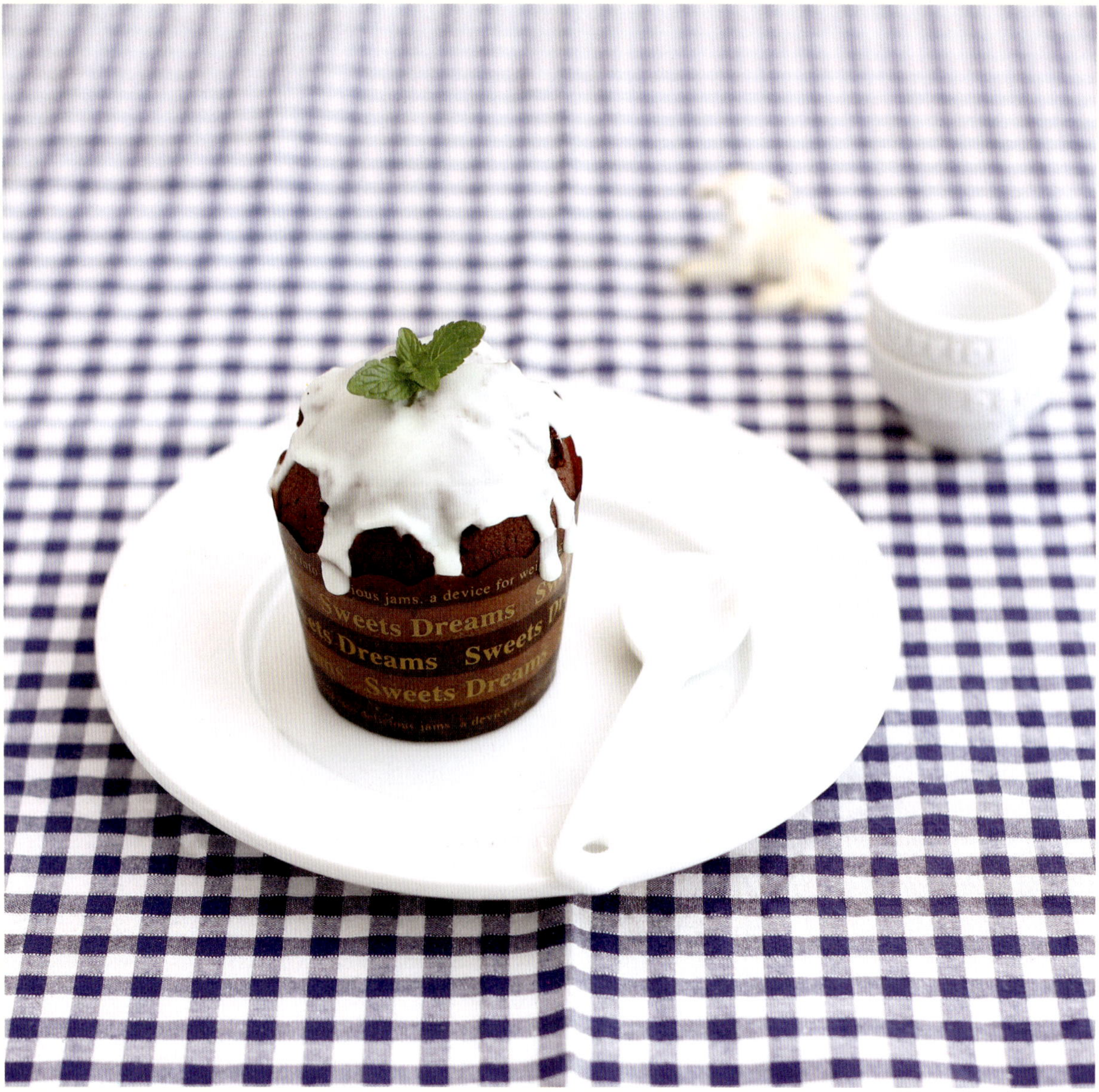

민트초코머핀

부엌 한켠에 허브를 키워보면 어떨까요? 허브 중 페퍼민트는 베이킹에 사용하기 좋아서 열심히 키우고 있어요. 싱그러운 페퍼민트 잎을 다져 초코머핀에 넣었더니 상큼한 맛과 달콤한 맛이 잘 어울리는 머핀이 완성됐답니다.

박력분 90g, 설탕 45g, 무가당 코코아가루 10g, 베이킹파우더 2g, 소금 약간, 버터 60g, 달걀 100g,
우유 30㎖, 꿀 15g, 민트리큐르 15㎖, 다크초콜릿 100g, 페퍼민트 잎 20장 정도
민트아이싱 슈가파우더 20~22g, 민트리큐르 10㎖

페퍼민트 잎 다지기 페퍼민트 잎은 잘게 다져주세요.

가루 재료 넣기 재료가 고루 섞이면 박력분, 무가당 코코아가루, 베이킹파우더를 체에 내려 넣고 섞어주세요.

버터 크림화 부드러운 버터를 볼에 넣고 저어 풀어준 뒤 설탕, 꿀, 소금을 넣고 섞어주세요.

우유 넣기 가루가 보이지 않을 정도로 고루 섞이면 우유를 넣고 섞어 반죽을 만들어주세요.

달걀 넣기 버터 색이 뽀얗게 되면 달걀을 풀어 나눠 넣어가며 섞어주세요.

굽기 머핀컵에 반죽을 채워 넣은 뒤 180℃로 예열한 오븐에 넣고 온도를 170℃로 내려서 25~30분간 구워내 식혀주세요.

다크초콜릿 넣기 버터와 달걀이 고루 섞이면 다크초콜릿을 중탕으로 녹여 넣고 섞어주세요.

민트아이싱 뿌리기 민트아이싱 재료를 섞은 뒤 컵케이크 위에 뿌려주세요.

민트리큐르, 페퍼민트 잎 넣기 다크초콜릿이 고루 섞이면 민트리큐르와 다진 페퍼민트 잎을 넣고 섞어주세요. TIP

> **TIP** 민트리큐르는 민트 향이 진하게 느껴지는 도수가 낮은 술이에요. 없는 경우 넣지 않아도 되지만 넣어주면 민트의 풍미가 좀 더 강해져요.

 180℃
 25분

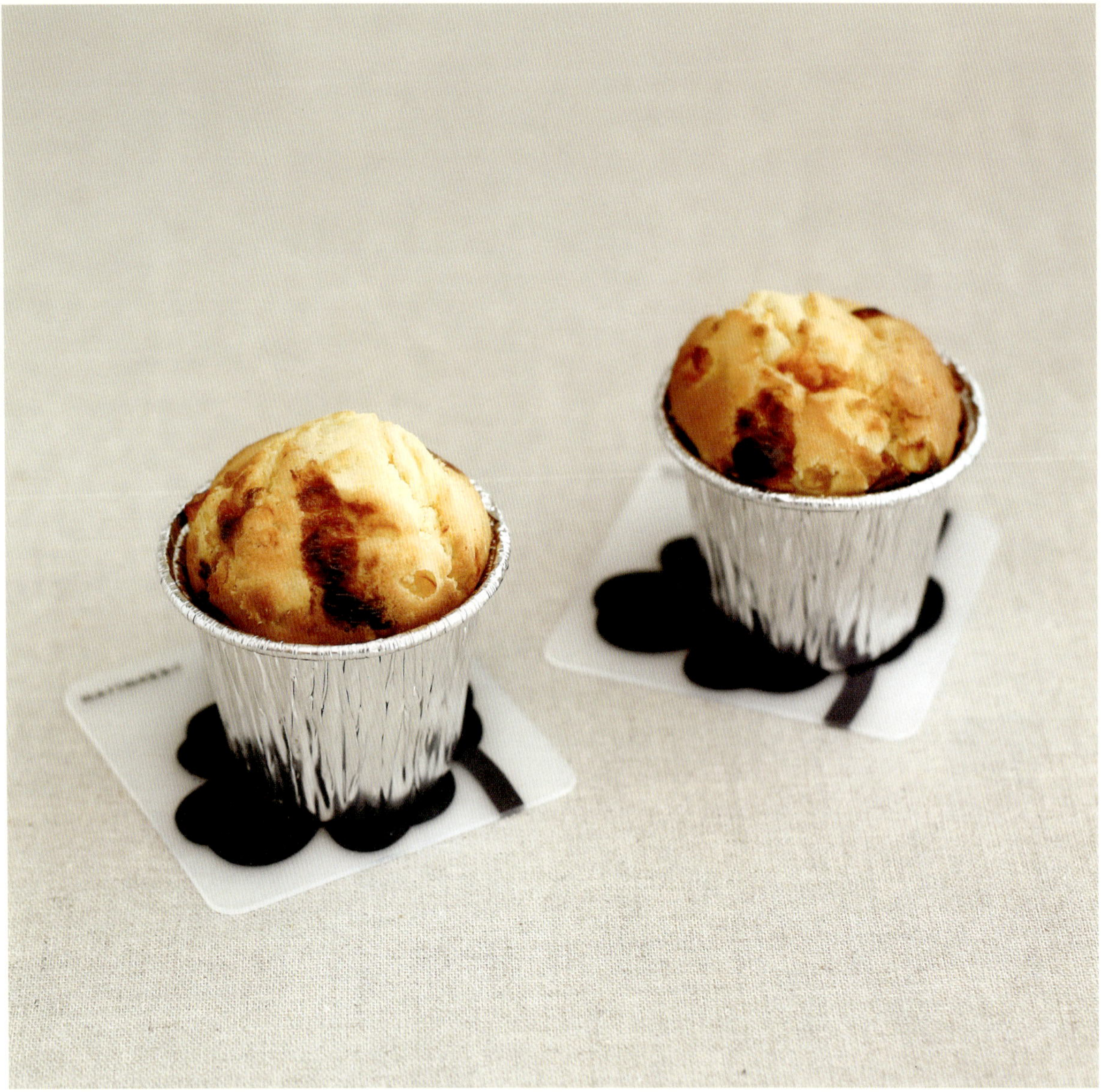

콘치즈머핀

슬라이스치즈의 짭짜름하고 고소한 맛과 톡톡 씹히는 달콤한 옥수수의 맛이 참 잘 어울리는 머핀이에요. 치즈가 듬뿍 들어가 한 개만 먹어도 금세 든든해져서 아침 식사 대용으로 좋은 메뉴랍니다.

박력분 120g, 설탕 50g, 베이킹파우더 1ts, 소금 약간, 버터 60g, 달걀 50g, 우유 60㎖,
캔옥수수 45g, 슬라이스치즈 3장(30g)

슬라이스치즈 채썰기 슬라이스치즈는 작게 채썰어주세요.

우유 넣기 가루가 보이지 않을 정도로 고루 섞이면 우유를 넣고 섞어 반죽을 만들어주세요.

버터 크림화 부드러운 버터를 볼에 넣고 저어 풀어준 뒤 설탕과 소금을 넣고 섞어주세요.

슬라이스치즈, 캔옥수수 넣기 작게 썬 슬라이스치즈와 캔옥수수 40g을 반죽에 넣고 섞어주세요. TIP

달걀 넣기 버터 색이 뽀얗게 되면 달걀을 풀어 나눠 넣어가며 섞어주세요.

굽기 머핀컵에 반죽을 채우고 남은 캔옥수수 5g을 뿌린 뒤 180℃로 예열한 오븐에 넣고 25분간 구워주세요.

가루 재료 넣기 버터와 달걀이 고루 섞이면 박력분, 베이킹파우더를 체에 내려 넣고 섞어주세요.

TIP 캔옥수수는 체에 밭쳐 물기를 뺀 뒤 사용하세요.

Muffin

180℃

20분

팥앙금머핀

날이 쌀쌀해지면 달콤한 단팥빵 생각이 절실하죠. 팥앙금을 빵 속에 넣어 만드는 단팥빵도 좋지만 가끔은 머핀 반죽에 넣어 즐겨보세요. 팥 특유의 고운 적색이 식욕을 돋우고 마블 모양이 돋보이 는 머핀이 완성됩니다.

박력분 120g, 설탕 35g, 베이킹파우더 1ts, 소금 약간, 버터 60g, 달걀 50g, 우유 60㎖, 팥앙금 70g, 검은깨 약간

버터 크림화 부드러운 버터를 볼에 넣고 저어 풀어준 뒤 설탕과 소금을 넣고 섞어주세요.

달걀 넣기 버터 색이 뽀얗게 되면 달걀을 풀어 나눠 넣어가며 섞어주세요.

가루 재료 넣기 버터와 달걀이 고루 섞이면 박력분, 베이킹파우더를 체에 내려 넣고 섞어주세요.

우유 넣기 가루가 보이지 않을 정도로 고루 섞이면 우유를 넣고 섞어 반죽을 만들어주세요.

반죽 나눠 팥앙금 넣기 반죽의 1/3을 다른 볼에 덜어 놓은 뒤 남은 2/3의 반죽에 팥앙금을 넣고 섞어주세요.
TIP

반죽끼리 넣기 팥앙금을 섞은 2/3의 반죽을 덜어 놓은 1/3의 반죽에 넣은 뒤 마블 무늬가 나도록 두세 번 섞어주세요.

굽기 머핀컵에 유산지를 깔고 반죽을 채워 검은깨를 뿌린 뒤 180℃로 예열한 오븐에 넣고 20분간 구워주세요.

TIP 시판 팥앙금은 고운 앙금과 팥 알갱이가 살아 있는 통팥앙금이 있어요. 레시피에서는 고운 앙금을 사용했지만 통팥앙금을 사용하면 팥 알갱이가 살아 있어 씹는 질감이 좋은 앙금머핀을 만들 수 있어요.

애플크럼블머핀

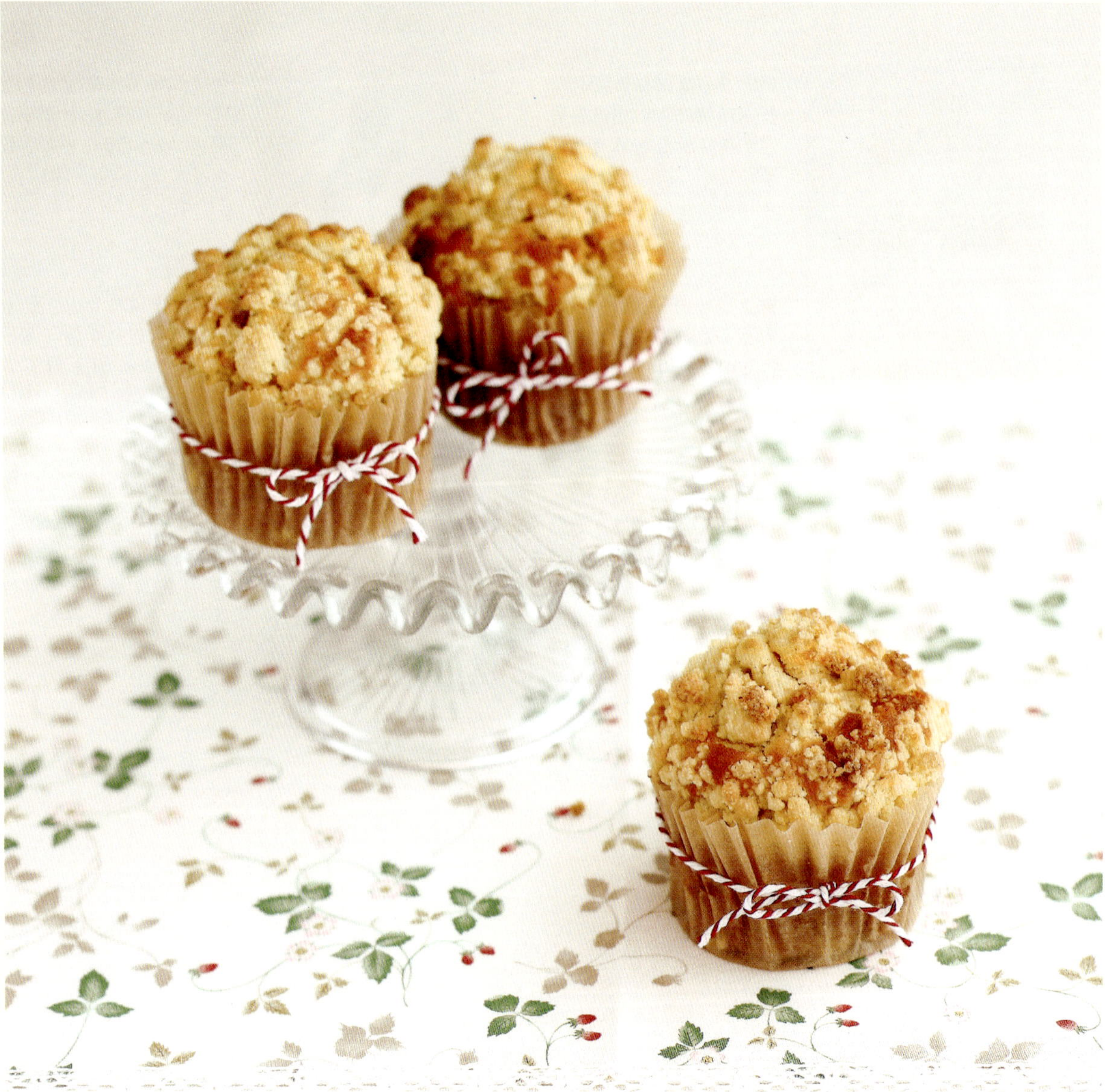

크럼블은 흔히 '소보로'라는 이름으로 많이 알려져 있는데요. 크럼블은 설탕에 조린 사과 위에 얹어서 파이 형태로 많이 만들어 먹곤 해요. 달콤한 사과와 보슬보슬한 크럼블이 들어간 애플크럼블 머핀은 한 개만 먹어도 포만감이 생기는 든든한 머핀이랍니다.

Ready {지름 7cm 머핀컵 크기 4~5개}

박력분 120g, 황설탕 40g, 베이킹파우더 1ts, 소금 약간, 버터 60g, 달걀 50g, 우유 60㎖
사과조림 사과 1개(120g), 황설탕 20g, 시나몬파우더 약간
크럼블 박력분 30g, 황설탕 30g, 아몬드가루 30g, 버터 30g

사과조림 끓이기 사과조림 재료의 사과를 작게 썬 뒤 황설탕과 함께 냄비에 넣고 중불에서 끓여 조려주세요.

사과조림 완성 물기가 없어질 때까지 자박하게 졸아들면 불에서 내린 뒤 시나몬파우더를 섞어 완전히 식혀 사과조림을 만들어주세요. **TIP 1**

크럼블 넣기 크럼블 재료의 박력분, 황설탕, 아몬드가루를 체에 내려 볼에 넣고 버터를 잘라 넣은 뒤 손으로 버터를 으깨가며 섞어주세요. **TIP 2**

크럼블 냉장해두기 크럼블 재료가 보슬보슬한 상태로 섞이면 30분~1시간 정도 차갑게 냉장해주세요.

버터 크림화 버터를 볼에 넣고 저어 풀어준 뒤 황설탕, 소금을 넣고 섞어주세요.

달걀 넣기 버터 색이 뽀얗게 되면 달걀을 풀어 나눠 넣어가며 섞어주세요. **TIP 3**

가루 재료, 우유 넣기 버터와 달걀이 고루 섞이면 박력분, 베이킹파우더를 체에 내려 넣고 가루가 보이지 않도록 섞은 뒤 우유를 넣고 섞어 반죽을 만들어주세요.

사과조림 넣기 반죽에 식혀둔 사과조림을 넣고 섞어주세요.

굽기 유산지를 깐 머핀틀에 사과조림을 섞은 반죽을 채워 넣고 차게 보관했던 크럼블을 올린 뒤 180℃로 예열한 오븐에 넣어 20분간 구워주세요.

TIP 1 물기가 없도록 확실하게 조리지 않으면 물기가 빠져나와 머핀 반죽이 묽어질 수 있어요.
TIP 2 크럼블에 넣는 버터는 약간 차가운 상태가 좋아요.
TIP 3 반죽에 넣는 버터는 실온에서 부드럽게 녹아 있는 상태여야 잘 섞여요.

 180℃

 20분

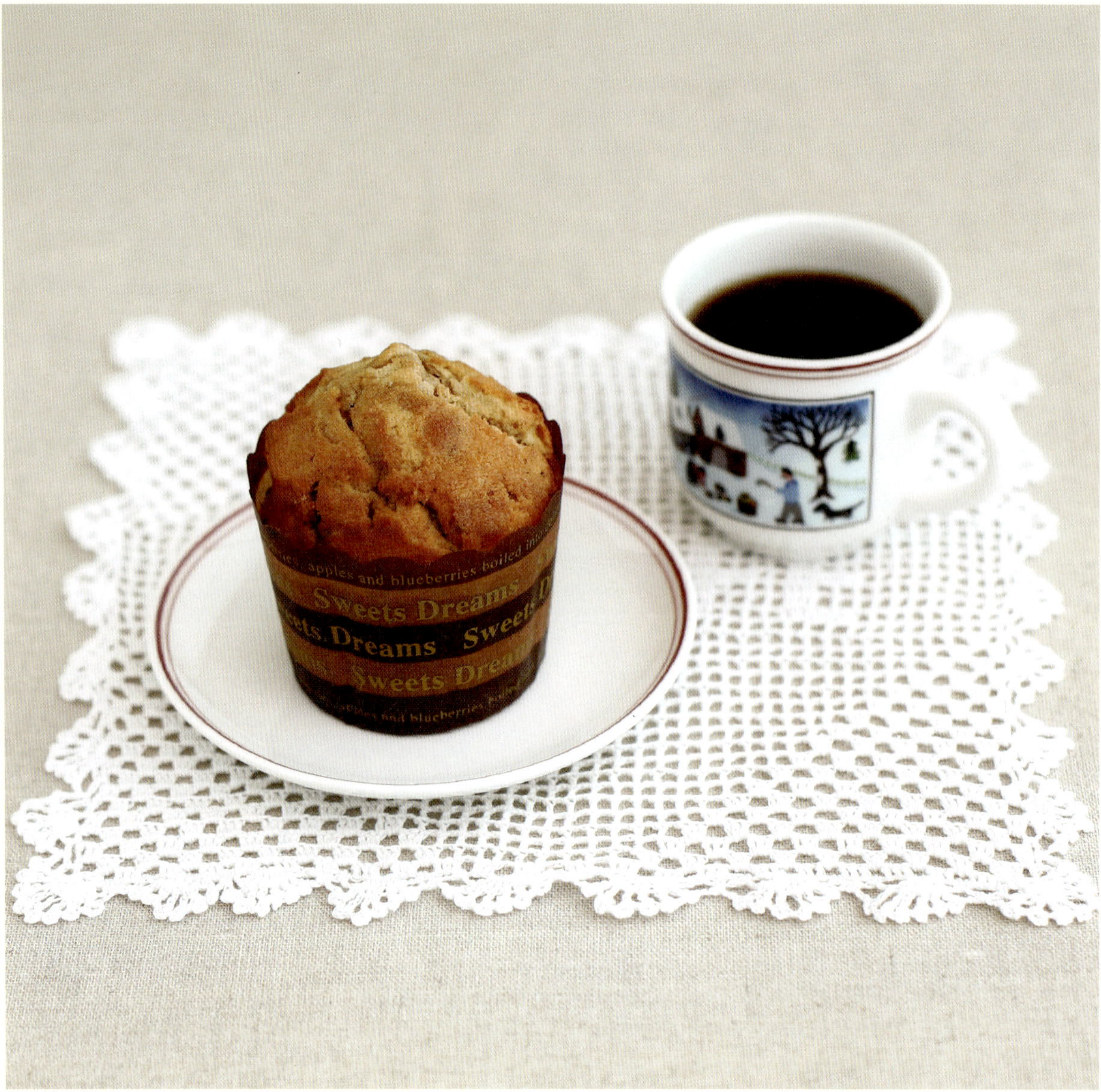

메이플시럽모카머핀

단풍나무 수액인 메이플시럽은 일반 설탕이나 물엿보다 당도가 낮고 천연 재료이기 때문에 몸에
해롭지 않아요. 에스프레소와 섞어서 머핀으로 만들어내면 메이플시럽 특유의 부드럽고 은은한
단맛이 커피와 어우러져 참 맛있답니다.

박력분 120g, 메이플시럽 50g, 황설탕 35g, 베이킹파우더 1ts, 소금 약간, 버터 60g,
달걀 50g, 우유 40㎖, 에스프레소 15㎖ 정도

버터 크림화 부드러운 버터를 볼에 넣고 저어 풀어준 뒤 황설탕, 소금을 넣고 섞어주세요.

우유 넣기 가루가 보이지 않을 정도로 고루 섞이면 우유를 넣고 섞어 반죽을 만들어주세요.

달걀 넣기 버터가 뽀얗게 되면 달걀을 풀어 나눠 넣어가며 섞어주세요.

반죽 나눠 에스프레소 섞기 반죽의 1/2을 다른 볼에 옮겨놓고 남은 1/2의 반죽에 에스프레소를 넣고 섞어주세요.
TIP

메이플시럽 넣기 버터와 달걀이 고루 섞이면 메이플시럽을 넣고 섞어주세요.

반죽끼리 섞어 굽기 옮겨놓은 1/2의 반죽과 에스프레소를 섞은 1/2의 반죽을 머핀컵에 반반씩 채우고 살짝 섞은 뒤 180℃로 예열한 오븐에 넣어 20분간 구워주세요.

가루 재료 넣기 메이플시럽이 고루 섞이면 박력분, 베이킹파우더를 체에 내려 넣고 섞어주세요.

TIP 에스프레소가 없을 경우에는 따뜻한 물 10㎖에 인스턴트커피 5g을 넣어 아주 진하게 타서 사용하세요.

 180℃  20~25분

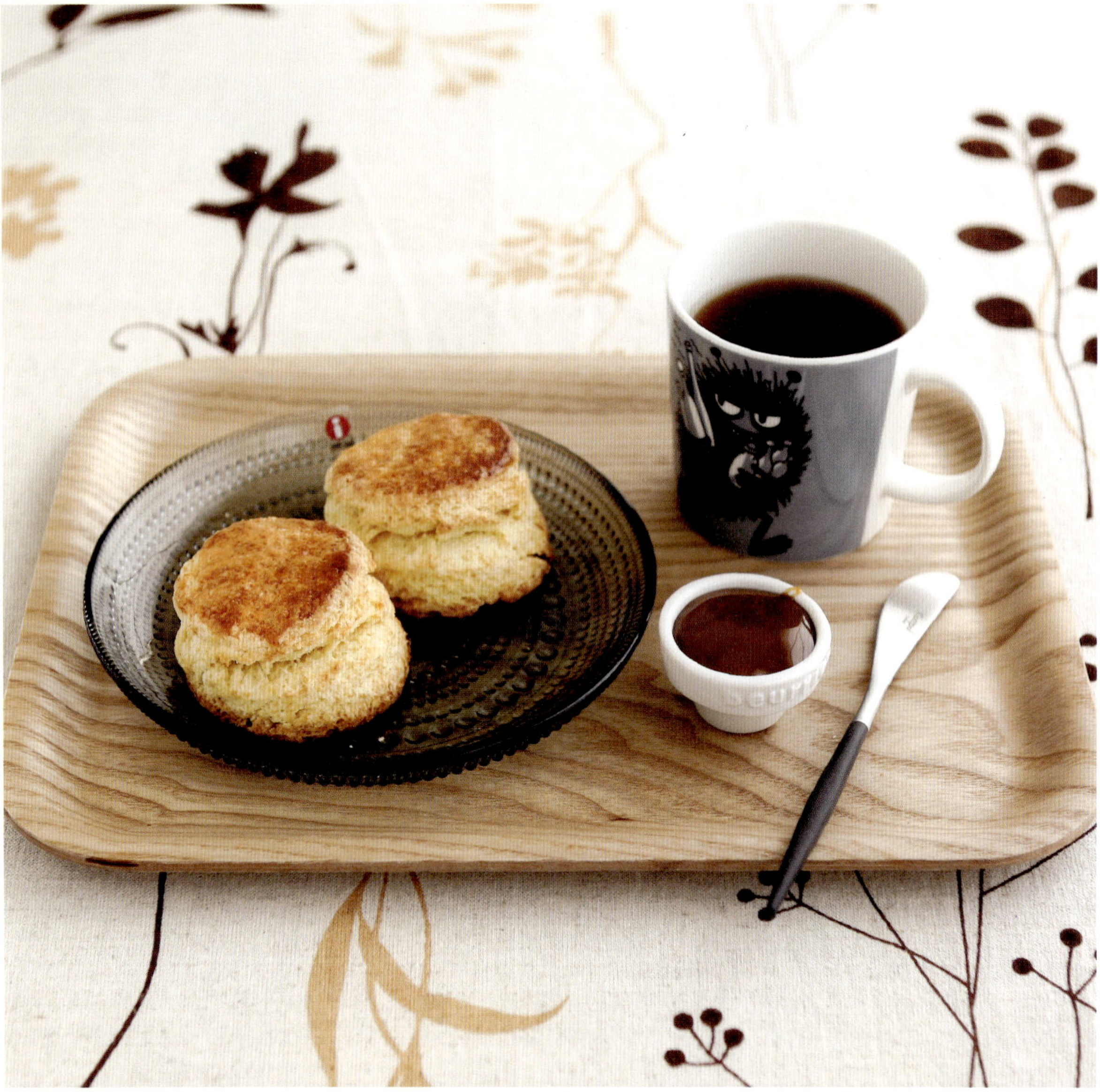

플레인스콘

스콘은 영국의 가정에서 티푸드로 곁들이는 대표적인 메뉴예요. 만드는 방법이 약간 번거로워 보일 수 있지만 판매하는 것과는 차원이 다른 맛을 느낄 수 있죠. 갓 구운 따끈따끈한 스콘에 잼이나 클로티드크림을 듬뿍 발라 차와 함께 곁들여 근사한 티타임을 가져보세요.

Ready {지름 7cm 원형틀 크기 10~12개}

박력분 150g, 설탕 25g, 베이킹파우더 1ts, 소금 약간, 버터 50g, 달걀 25g, 우유 43㎖
분량 외 재료 반죽에 바를 우유 약간, 반죽을 밀 때 바닥에 뿌릴 덧가루 약간

가루 재료, 버터 섞기 박력분, 설탕, 베이킹파우더, 소금을 체에 내려 볼에 넣고 버터를 잘라 넣은 뒤 스크래퍼로 섞어주세요. TIP

달걀, 우유 넣기 가루 재료와 버터가 고슬고슬 섞이면 달걀과 우유를 섞어 넣고 11자를 그리듯 섞어 반죽을 만들어주세요.

반죽 뭉치기 반죽이 덩어리지기 시작하면 한 덩어리로 뭉쳐주세요.

반죽 휴지시키기 뭉친 반죽을 비닐에 담고 평평하게 누른 뒤 30분~1시간 정도 냉장해 휴지시켜주세요.

반죽 밀기 휴지시킨 반죽을 꺼내 한 방향으로 밀어주세요.

반죽 반으로 자르기 밀어준 반죽을 이등분해주세요.

반죽 겹쳐 밀기 이등분한 반죽을 겹친 뒤 다시 밀어주세요. 5~7번의 과정을 한두 번 더 반복해주세요.

틀로 찍기 5~7번의 과정을 반복한 반죽을 2cm 두께로 민 뒤 원형틀로 찍어주세요.

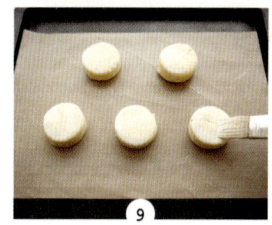

굽기 찍은 반죽을 오븐팬 위에 올리고 반죽 윗면에 우유를 얇게 바른 뒤 180℃로 예열한 오븐에 넣고 20~25분간 구워주세요.

TIP 스콘 반죽은 다른 쿠키나 머핀과 달리 모든 재료들이 차가운 상태일수록 바삭하게 만들 수 있어요.

Scone

 180℃    20~25분

치즈스콘

버터를 넣지 않고 크림치즈와 체다치즈 등으로 스콘 특유의 맛을 살렸어요. 치즈를 잘 먹으려고
하지 않는 아이들에게 만들어주면 좋아요. 치즈 특유의 고소한 풍미 때문에 자꾸 자꾸 손이 가는
매력적인 스콘이에요.

박력분 150g, 설탕 30g, 베이킹파우더 1ts, 파마산치즈가루 15g, 우유 43㎖, 달걀 25g,
크림치즈 60g, 슬라이스 체다치즈 30g
분량 외 재료 반죽에 바를 우유 약간, 반죽을 밀 때 바닥에 뿌릴 덧가루 약간

가루 재료와 크림치즈 넣기
박력분, 설탕, 베이킹파우더
를 체에 내려 파마산치즈가루
와 함께 볼에 넣고 섞은 뒤 차
가운 크림치즈를 넣어주세요.

재료 섞기 볼 안의 재료가 고
루 섞이도록 11자를 그리듯
스크래퍼로 섞어주세요.

우유, 달걀 넣기 재료가 고루
섞이면 차가운 우유와 달걀
을 섞어 넣고 11자를 그리듯
섞어주세요.

체다치즈 넣기 재료가 덩어
리지기 시작하면 슬라이스
체다치즈를 작게 썰어 넣고
가볍게 섞어 반죽을 만들어
주세요.

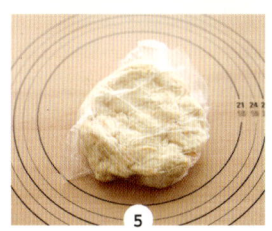

휴지시키기 반죽을 비닐에
넣고 평평하게 누른 뒤 30분
~1시간 정도 냉장해 휴지시
켜주세요. TIP

반죽 밀기 휴지시킨 반죽을
꺼내 한 방향으로 밀어주세요.

반죽 겹쳐서 밀기 밀어준 반
죽을 반으로 자른 뒤 겹치고
다시 미는 과정을 한두 번 더
반복해주세요.

틀로 찍기 과정을 반복한 반
죽을 2cm 두께로 민 뒤 원형
틀로 찍어주세요.

굽기 찍은 반죽을 오븐팬 위
에 올리고 반죽 윗면에 우유
를 바른 뒤 180℃로 예열한
오븐에 넣고 20~25분간 구
워주세요.

TIP 스콘 반죽을 바로 굽는 것보다는 휴지시키는 과정을 거쳐서 반죽을 차갑게 만든 뒤 재빨
리 다시 밀어 굽게 되면 더 바삭해져요.

카카오닙스콘

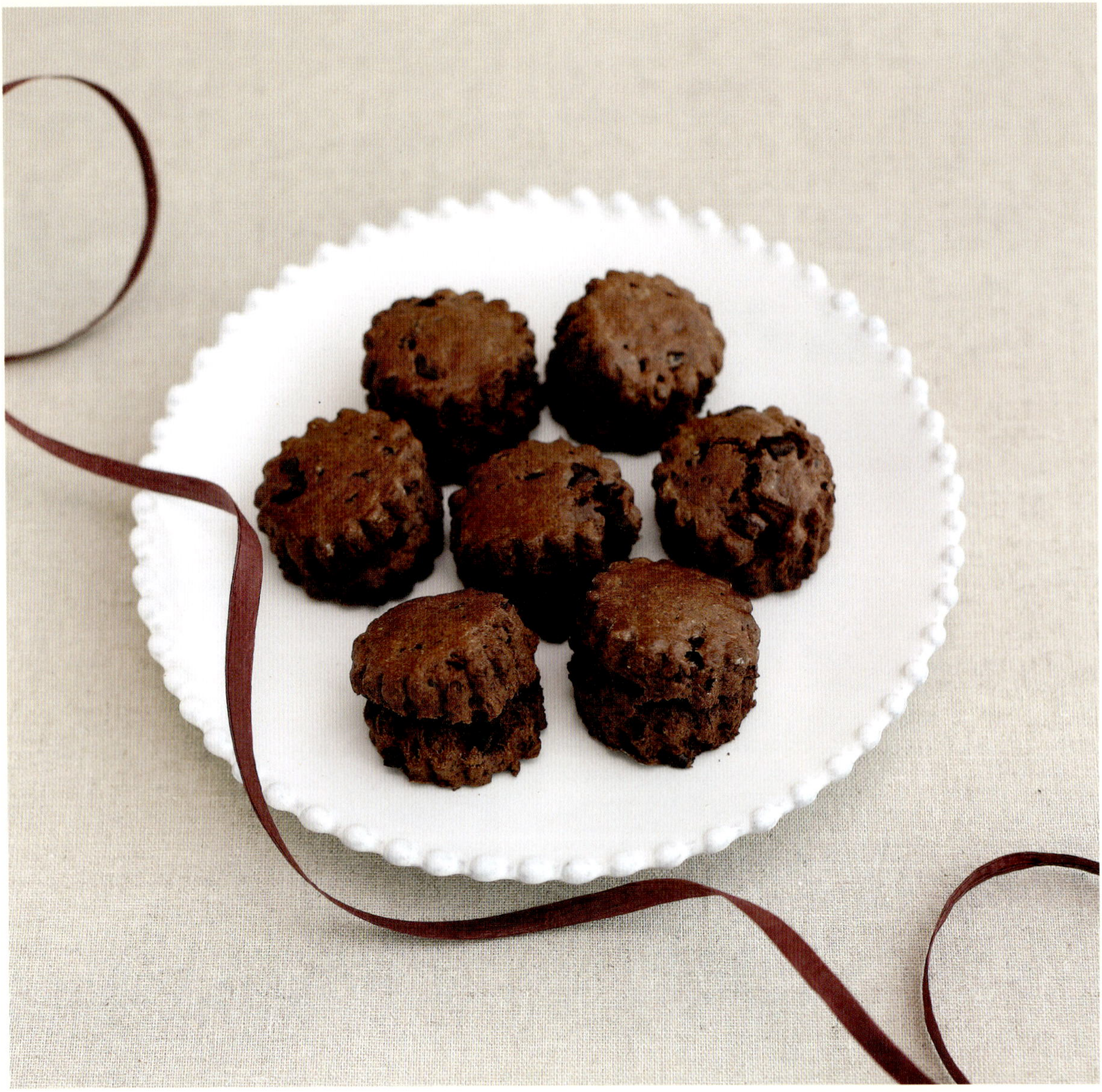

카카오닙은 초콜릿을 만드는 원료로, 제과제빵 재료상에 가면 쉽게 구입할 수 있어요. 초콜릿을
중탕해 넣는 것보다 훨씬 더 진한 초콜릿의 풍미를 느낄 수 있고, 씹을 때마다 고소하고 쌉싸래한
카카오닙의 맛을 느낄 수 있어요.

Ready {지름 5cm 주름원형틀 크기 10~12개}

박력분 140g, 무가당 코코아가루 15g, 황설탕 30g, 베이킹파우더 1ts, 소금 약간, 버터 50g,
달걀 25g, 우유 43㎖, 초콜릿칩 20g, 카카오닙 20g
분량 외 재료 반죽에 바를 우유 약간, 반죽을 밀 때 바닥에 뿌릴 덧가루 약간

재료 섞기 박력분, 무가당 코코아가루, 황설탕, 베이킹파우더, 소금을 체에 내려 볼에 넣고 차가운 버터를 잘라 넣은 뒤 자르듯 섞어주세요.

반죽 밀기 휴지시킨 반죽을 꺼내 한 방향으로 밀어주세요.

달걀, 우유 넣기 가루 재료와 버터가 고슬고슬하게 섞이면 차가운 우유와 달걀을 섞어 넣고 11자를 그리듯 스크래퍼로 섞어주세요.

반죽 겹쳐서 밀기 밀어준 반죽을 반으로 자른 뒤 겹치고 다시 미는 과정을 한두 번 더 반복해주세요.

초콜릿칩, 카카오닙 넣기 재료가 덩어리지기 시작하면 초콜릿칩과 카카오닙을 넣고 가볍게 섞어 반죽을 만들어주세요.

틀로 찍기 과정을 반복한 반죽을 2cm 두께로 민 뒤 원형틀로 찍어주세요.

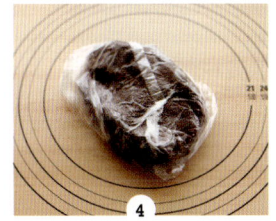

휴지시키기 반죽을 비닐에 넣고 평평하게 누른 뒤 30분 ~1시간 정도 냉장해 휴지시켜주세요.

굽기 찍은 반죽을 오븐팬 위에 올리고 반죽 윗면에 우유를 얇게 바른 뒤 180℃로 예열한 오븐에 넣고 20~25분간 구워주세요.

 180℃  20~25분

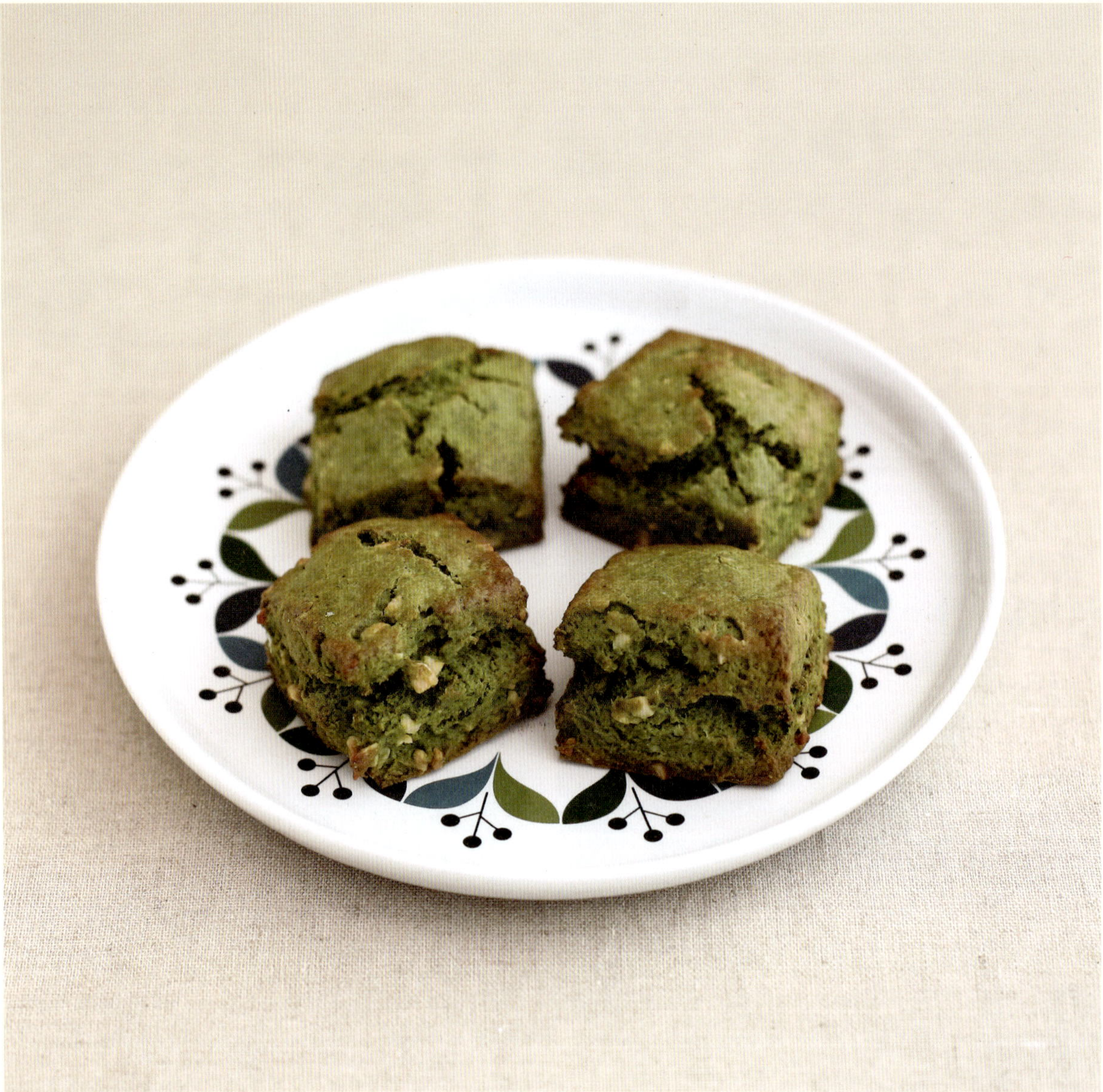

녹차아몬드스콘

녹차를 넣어 녹색이 이색적인 녹차아몬드스콘에 아몬드 분태를 넣어 씹히는 질감을 살렸어요. 녹
차 특유의 쌉싸름한 향이 스콘과 아주 잘 어울려서 차와 함께 곁들여 먹기 참 좋아요.

박력분 150g, 아몬드 분태 35g, 설탕 30g, 녹차가루(또는 말차가루) 6g, 베이킹파우더 1ts,
소금 약간, 버터 50g, 달걀 25g, 우유 43㎖
분량 외 재료 반죽에 바를 우유 약간, 반죽을 밀 때 바닥에 뿌릴 덧가루 약간

재료 섞기 박력분, 설탕, 베이킹파우더, 녹차가루, 소금을 체에 내려 볼에 넣고 차가운 버터를 잘라 넣은 뒤 스크래퍼로 자르듯 섞어주세요. **TIP 1**

달걀, 우유 넣기 가루 재료와 버터가 고슬고슬하게 섞이면 차가운 우유와 달걀을 넣고 섞어 11자를 그리듯 섞어주세요.

아몬드 분태 넣기 재료가 덩어리지기 시작하면 아몬드 분태를 넣고 섞어 반죽을 만들어주세요. **TIP 2**

휴지시키기 반죽을 비닐에 넣고 평평하게 누른 뒤 30분 ~1시간 정도 냉장해 휴지시켜주세요.

반죽 겹쳐서 밀기 휴지시킨 반죽을 꺼내 한 방향으로 밀어주세요. 밀어준 반죽을 반으로 자른 뒤 다시 겹쳐서 미는 과정을 한두 번 더 반복해주세요.

사각형으로 자르기 과정을 반복한 반죽을 2cm 두께로 민 뒤 사각형으로 잘라주세요.

굽기 자른 반죽을 오븐팬 위에 올리고 반죽 윗면에 우유를 얇게 바른 뒤 180℃로 예열한 오븐에 넣고 20~25분간 구워주세요.

TIP 1 가벼운 질감의 스콘을 만들고 싶을 때는 박력분으로, 묵직한 질감의 스콘을 만들고 싶을 때는 중력분이나 강력분을 섞어서 만들면 돼요.
TIP 2 아몬드 분태가 없을 경우, 같은 분량의 아몬드를 계량해 다져서 사용하면 돼요.

Scone

 180℃
 20~25분

단호박스콘

단호박이 들어가기 때문에 속도 든든하고 건강에도 좋은 스콘이에요. 우유 한 잔과 함께 아침식사
로 먹어도 그만이고, 예쁘게 포장해서 친구나 어르신들께 선물해도 호응이 좋아요. 단호박 고유의
단맛이 있기 때문에 설탕의 양을 조절해서 취향에 맞게 만들어 드세요.

Ready {지름 6cm 원형틀 크기 8~10개}

박력분 180g, 설탕 50g, 베이킹파우더 8g, 소금 약간, 버터 80g, 우유 20㎖,
단호박 페이스트 90g, 단호박 1/8개(30g)
분량 외 재료 반죽에 바를 우유 약간, 반죽을 밀 때 바닥에 뿌릴 덧가루 약간

단호박 손질하기 단호박은 얇고 작게 썰어 준비해주세요.

반으로 자르기 휴지시킨 반죽을 한 방향으로 밀어준 뒤 반으로 잘라주세요.

재료 섞기 박력분, 설탕, 베이킹파우더, 소금을 체에 내려 볼에 넣고 차가운 버터를 잘라 넣은 뒤 스크래퍼로 자르듯 섞어주세요.

여러 번 밀기 반죽을 겹쳐서 다시 밀고 반으로 잘라 겹쳐서 미는 과정을 한두 번 더 반복해주세요.

단호박 페이스트, 우유 넣기 가루 재료와 버터가 고슬고슬하게 섞이면 단호박 페이스트와 우유를 넣고 섞어주세요. TIP

틀로 찍기 과정을 반복한 반죽을 2cm 두께로 민 뒤 원형틀이나 원형주름틀로 찍어주세요.

휴지시키기 재료가 덩어리지기 시작하면 얇게 썬 단호박을 넣고 가볍게 섞어 반죽을 만든 뒤 비닐에 넣고 30분~1시간 정도 냉장해 휴지시켜주세요.

굽기 찍은 반죽을 오븐팬 위에 올리고 반죽 윗면에 **분량 외 재료**의 우유를 얇게 바른 뒤 180℃로 예열한 오븐에 넣고 20~25분간 구워주세요.

TIP 단호박 페이스트는 사용할 분량보다 약간 더 많은 양의 단호박을 계량해 전자레인지나 찜통에 넣고 익혀 노란 속만 긁어낸 뒤 핸드블렌더로 곱게 갈아 페이스트 상태로 만들어 사용해주세요.

생일날이 아니더라도 차 한잔에 곁들이는 케이크 한 조각은 지치고 힘든 하루를 활기차게 만드는 활력소가 됩니다. 하지만 대부분이 시트를 만들고 케이크를 쌓는 과정 때문에 시도할 엄두조차 못 내는 경우가 많아요. 그래도 일 년에 몇 번 없는 특별한 날, 큰 맘 먹고 케이크를 만들어보세요. 층층마다 가득한 그 정성에 보는 사람도, 먹는 사람도 감동한답니다. 케이크 만들기가 번거로운 것을 감안해 비교적 만들기 쉬운 파운드케이크, 찜케이크, 롤케이크, 치즈케이크 등을 다양하게 소개했어요. 타르트 또한 타르트 반죽 만드는 법만 알면 다양하게 활용할 수 있기 때문에 자세한 사진과 친절한 과정 설명으로 꼼꼼하게 소개했어요. 어떤 틀을 쓰느냐에 따라, 어떤 재료를 쓰느냐에 따라 다양한 모양과 질감을 자랑하는 케이크와 타르트, 지금부터 차근차근 따라 만들어보세요.

Part 4

특별한 날의 선물
케이크&타르트

Cake

180℃

25분

스폰지케이크

'제누아즈'라고도 부르는 스폰지케이크는 케이크를 만들 때 시트 역할을 하며 생크림, 버터크림과
샌드해서 쓰는 게 일반적이에요. 다소 만드는 과정이 복잡하지만 제대로 알아두면 다양하게 응용
할 수 있으니 꼭 만들어보세요.

박력분 100g, 설탕 95g, 버터 30g, 달걀 150g, 우유 15㎖
분량 외 재료 케이크에 뿌릴 슈가파우더 적당량

밑준비하기 원형틀에 유산지를 깔아주세요. 버터와 우유는 따뜻하게 데워 준비해주세요.

달걀, 설탕 중탕하기 달걀과 설탕을 볼에 넣고 섞은 뒤 볼 아래 따뜻한 물을 받쳐 저어가며 설탕을 녹여주세요. TIP

거품내기 달걀과 설탕을 섞은 것이 따뜻해지면 볼 아래 받쳐 놓은 따뜻한 물을 뺀 뒤 핸드믹서나 거품기로 거품을 풍성하게 올려주세요.

달걀 거품 완성하기 거품을 떨어뜨렸을 때 거품이 지그재그로 떨어질 때까지 섞어 달걀 거품을 만들어주세요.

박력분 넣기 달걀 거품에 박력분을 체에 내려 넣고 전체적으로 섞어주세요.

버터, 우유 넣기 가루가 보이지 않을 정도로 고루 섞이면 데워둔 버터와 우유를 볼 가장자리에 천천히 흘려 넣고 섞어 반죽을 완성해주세요.

반죽 넣기 유산지를 깔아둔 원형틀에 반죽을 30cm 정도 높이에서 떨어뜨려 채워 넣어주세요.

굽기 반죽을 넣은 원형틀을 바닥에 내리쳐 잔거품을 없앤 뒤 180℃로 예열한 오븐에 넣고 25분간 구워주세요.

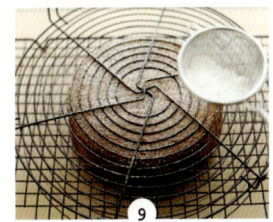

장식하기 구워낸 스폰지케이크를 식힘망에 받쳐 식힌 뒤 슈가파우더를 뿌려 장식해주세요.

TIP 스폰지케이크를 만들 때 모든 재료들은 차갑지 않은 상태여야 해요. 특히 달걀 거품은 달걀의 온도가 따뜻할 때 풍성하고 매끄럽게 나오기 때문에 꼭 볼 아래 따뜻한 물을 받쳐 달걀의 온도를 올려주세요. 그리고 반죽에 들어가는 버터와 우유의 온도는 반죽에 넣기 직전까지 50~60℃ 정도를 유지해야 반죽이 푹 꺼지는 것을 방지할 수 있어요.

Cake

180℃

20~25분

초콜릿체리케이크

생일을 맞이한 친구에게 선물하면 인기 만점인 케이크예요. 풍부한 초콜릿과 상큼한 체리가 잘 어
우러져서 정말 맛있어요. 체리 대신 다양한 과일을 이용해서 취향에 맞는 케이크를 만들어보세요.

Ready {지름 15cm 원형틀 크기 1개}

박력분 60g, 무가당 코코아가루 10g, 버터 15g, 우유 15g, 다크초콜릿(판모양) 250g, 캔체리 300g

달걀 거품 달걀 100g, 설탕 65g

시럽 설탕 20g, 물 20㎖, 체리리큐르(끼리슈) 15㎖

생크림 생크림 250㎖, 설탕 15g

밑준비하기 원형틀에 유산지를 깔아주세요. 다크초콜릿은 동그랗게 말리도록 긁어주세요. 버터와 우유는 따뜻하게 데워 준비해주세요.

시럽, 체리 준비하기 시럽 재료의 설탕, 물을 냄비에 넣고 설탕이 녹을 때까지 약불로 끓인 뒤 식혀서 체리리큐르를 섞어 시럽을 만들어주세요. 체리는 2등분해주세요. TIP 1

달걀 거품 만들기 분량의 **달걀 거품** 재료로 156쪽의 2~4번 과정을 참고해 달걀 거품을 만들어주세요.

케이크 쌓기1 생크림 재료를 섞어 틀 안쪽에 바른 뒤 슬라이스한 초콜릿케이크 한 장을 깔고 생크림을 바르고 체리를 올려주세요. TIP 2

가루 재료, 액체 재료 넣기 달걀 거품에 박력분, 무가당 코코아가루를 체에 내려 넣고 섞은 뒤 데워둔 버터와 우유를 천천히 흘려 넣고 섞어 반죽을 만들어주세요.

케이크 쌓기2 체리 위에 슬라이스한 초콜릿케이크 한 장을 올리고 시럽을 바른 뒤 생크림을 바르고 체리를 올려주세요.

굽기 유산지를 깔아둔 원형틀에 반죽을 채워 넣고 잔거품을 없앤 뒤 180℃로 예열한 오븐에 넣고 20~25분간 구워주세요.

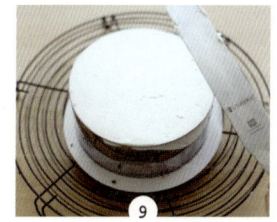

생크림 바르기 슬라이스한 초콜릿케이크 한 장, 시럽, 생크림, 체리 순서대로 쌓는 과정을 반복한 뒤 전체적으로 생크림을 발라주세요.

슬라이스하기 구워낸 초콜릿케이크를 식힘망에 받쳐 식힌 뒤 1cm 두께로 슬라이스해주세요.

장식하기 동그랗게 말리도록 긁어둔 다크초콜릿을 케이크 겉면에 전체적으로 묻힌 뒤 남은 체리와 생크림으로 장식해주세요.

TIP 1 시럽을 만들 때 체리리큐르가 없다면 럼주로 대체하거나 생략해도 괜찮아요.

TIP 2 **생크림** 재료를 섞을 때는 차가운 얼음물을 볼 아래 받친 뒤 휘핑해 단단하고 안정적인 거품을 내서 사용해주세요.

 180℃ 12분

단호박롤케이크

롤케이크는 부드러운 시트 안으로 크림을 듬뿍 넣어 말아 만드는 케이크예요. 남녀노소 누구나 좋
아하는 단호박을 이용해 롤케이크를 만들어보았어요. 단호박 말고도 생크림만 넣거나 다른 재료
를 추가해서 만들어보세요.

박력분 50g, 옥수수전분 10g, 버터 15g, 우유 15㎖, 꿀 10g
달걀 거품 달걀 150g, 설탕 55g
시럽 설탕 30g, 물 30㎖, 럼주 1Ts
단호박크림 생크림 180㎖, 설탕 20g, 단호박 페이스트 90g

밑준비하기 시럽 재료의 설탕과 물을 냄비에 넣고 약불로 끓이다가 럼주를 섞어 시럽을 만들어주세요. 단호박은 작게 썬 뒤 익혀서 준비해주세요.

달걀 거품 만들기 달걀 거품 재료로 156쪽의 2~4번 과정을 참고해 달걀 거품을 만들어주세요.

가루 재료 넣기 달걀 거품에 박력분, 옥수수전분을 체에 내려 넣고 전체적으로 섞어 반죽을 만들어주세요. TIP 1

버터, 우유 넣기 다른 볼에 버터와 우유를 넣고 저어 풀어준 뒤 반죽을 한 주걱 정도 덜어 섞은 다음 반죽이 담긴 볼에 넣고 섞어주세요.

굽기 오븐팬에 유산지를 깔고 버터와 우유를 섞은 반죽을 넣어 윗면을 평평하게 만든 뒤 180℃로 예열한 오븐에 넣고 12분간 구워 시트를 만들어주세요.

단호박크림 만들기 단호박크림 재료의 생크림과 설탕을 섞어 단단한 크림을 만든 뒤 단호박 페이스트를 넣고 섞어 단호박크림을 만들어주세요. TIP 2

시럽 바르기 구워낸 시트에 시럽을 듬뿍 발라주세요. TIP 3

단호박크림 바르기 시럽을 바른 시트에 단호박크림을 발라주세요.

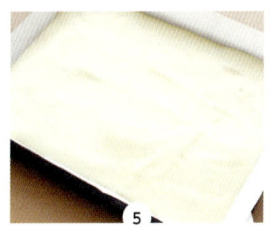

단호박 올리기 단호박크림을 바른 시트에 작게 썰어 익힌 단호박을 올려주세요.

냉장하기 시트를 유산지로 감싸 말아서 1시간 정도 냉장한 뒤 먹기 좋은 크기로 도톰하게 썰어주세요.

TIP 1 옥수수전분이 없으면 다른 전분으로 대체해도 돼요.

TIP 2 단호박 페이스트는 사용할 분량보다 약간 더 많은 양의 단호박을 계량해 전자레인지나 찜통에 넣고 익혀 노란 속만 긁어낸 뒤 핸드블렌더로 곱게 갈아 페이스트 상태로 만들어 사용해주세요.

TIP3 구워낸 시트는 한김 뺀 뒤 바로 시럽과 단호박크림 등을 발라서 말아주세요.

 160℃

 30~40분

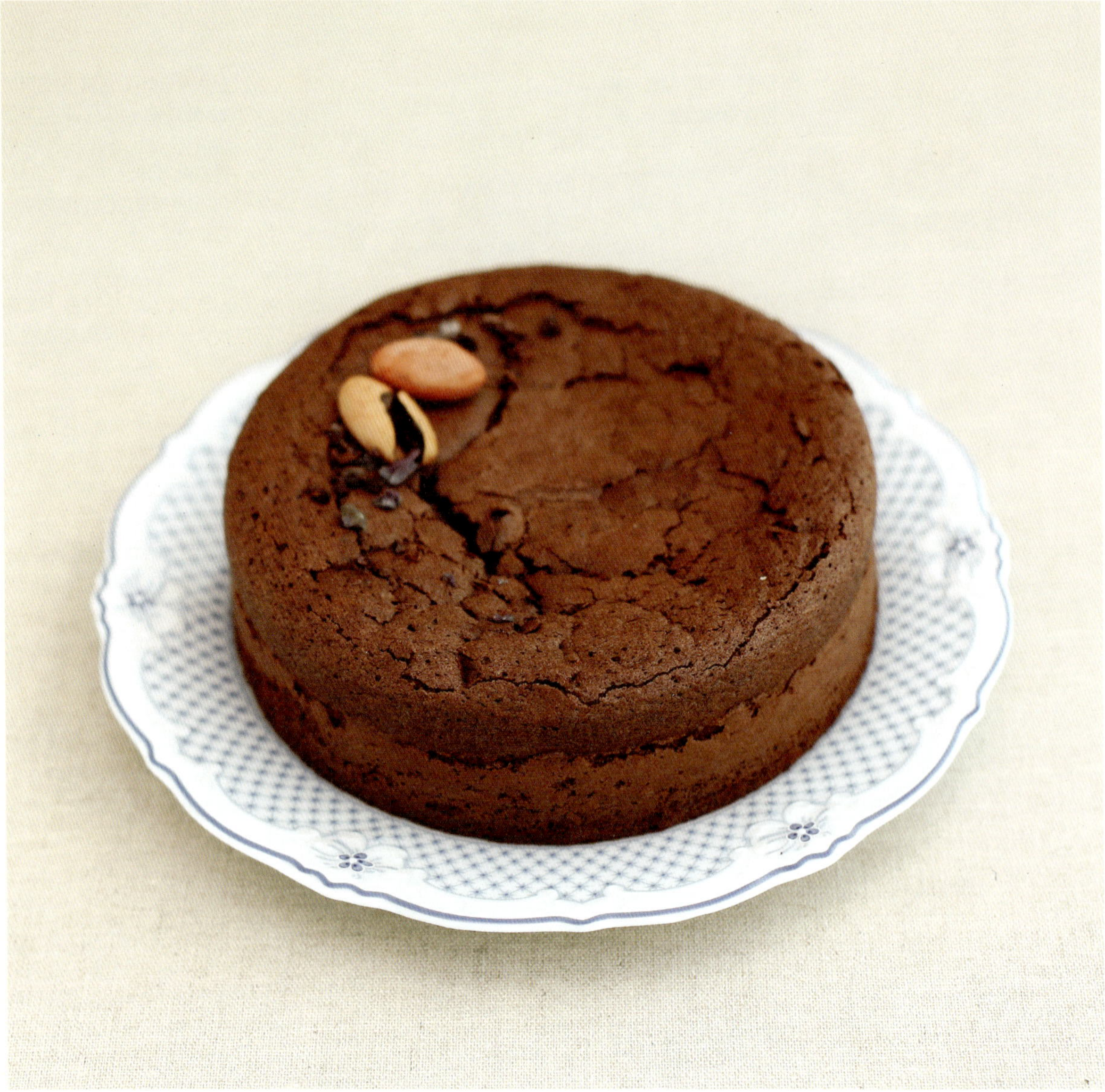

가토쇼콜라

가토쇼콜라는 프랑스어로 초코케이크를 뜻해요. 초콜릿을 많이 넣어서 진하고 달콤하게 만들어내
는 게 특징이랍니다. 구워낸 뒤에는 슈가파우더를 솔솔 뿌리거나 카카오빈으로 장식해서 나만의
케이크를 만들어보세요.

박력분 30g, 무가당 코코아가루 20g, 설탕 60g, 버터 60g, 달걀 100g, 생크림 30㎖, 다크초콜릿 85g

버터, 다크초콜릿 중탕하기
버터와 다크초콜릿은 중탕으로 녹여 준비해주세요. TIP

머랭 1/3 넣기 초콜릿 반죽에 머랭의 1/3을 넣고 고루 섞어주세요.

달걀노른자, 설탕 섞기 달걀은 노른자와 흰자가 섞이지 않도록 분리해 각각 볼에 담은 뒤 달걀노른자가 담긴 볼에 설탕 30g을 넣고 섞어주세요.

가루 재료 넣기 초콜릿 반죽과 머랭이 고루 섞이면 박력분, 무가당 코코아가루를 체에 내려 넣고 섞어주세요.

버터, 다크초콜릿 넣기 달걀노른자의 색이 뽀얗게 되면 녹여둔 버터와 다크초콜릿을 넣고 섞어주세요.

남은 머랭 2/3 넣기 가루가 보이지 않을 정도로 고루 섞이면 남은 머랭 2/3도 나눠 넣어가며 섞어서 반죽을 만들어주세요.

생크림 넣기 버터와 다크초콜릿이 고루 섞이면 생크림을 넣고 섞어 초콜릿 반죽을 만들어주세요.

굽기 원형틀에 유산지를 깔고 반죽을 넣어 틀째 바닥에 내리쳐 잔거품을 없앤 뒤 160℃로 예열한 오븐에 넣고 30~40분간 구워주세요.

머랭 만들기 달걀흰자가 담긴 볼을 저어 거품을 낸 뒤 남은 설탕 30g을 나눠 넣어가며 섞어서 뿔이 뾰족하게 서는 단단한 머랭을 만들어주세요.

TIP 반죽에 넣는 다크초콜릿은 카카오 함량이 높은 제품을 사용해야 달지 않고 진한 초콜릿 맛이 나는 가토쇼콜라를 만들 수 있어요.

수증기가 나오는 정도

15분

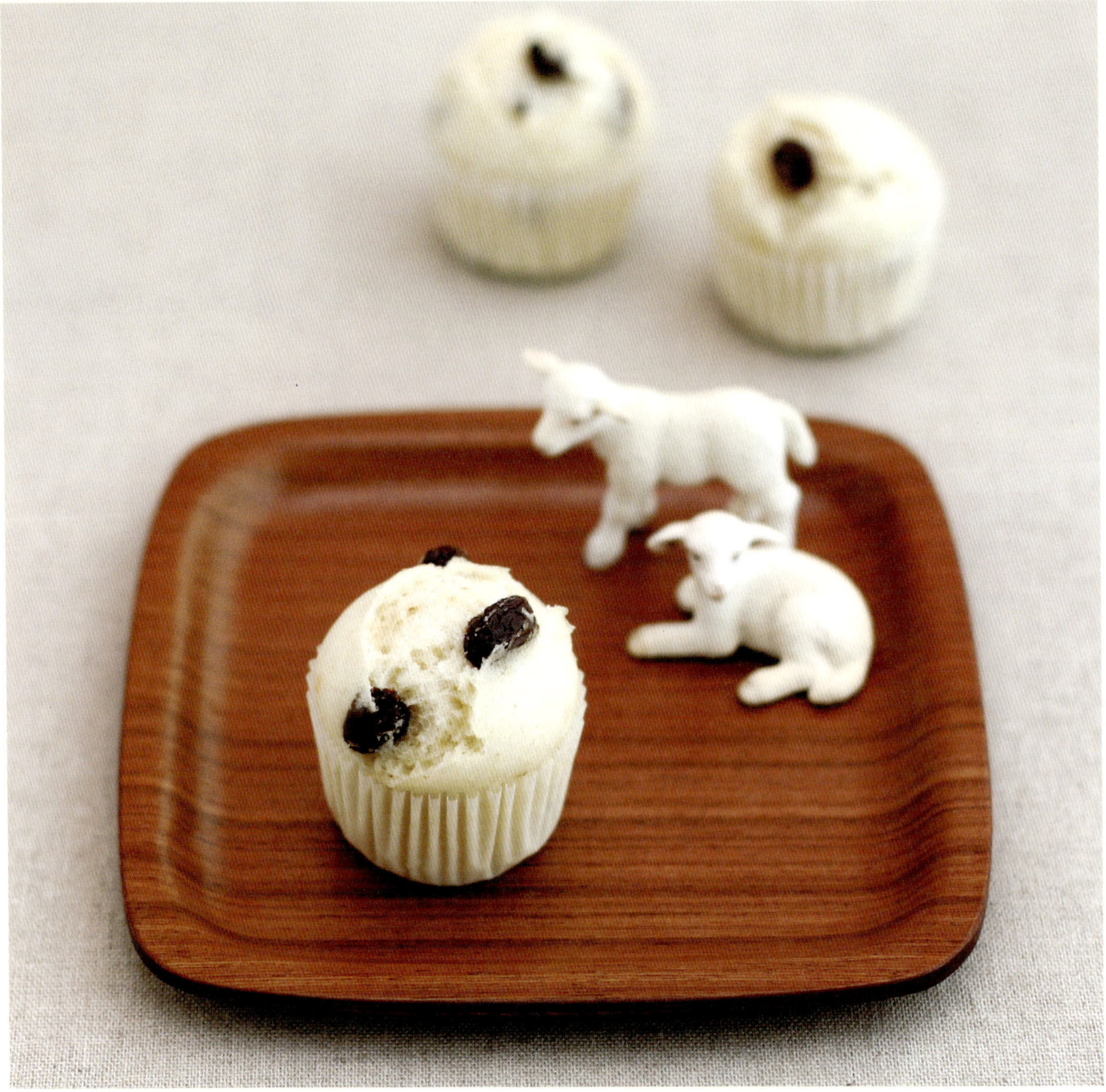

백설기케이크

오븐 없이 찜기를 이용해서 만든 찜케이크예요. 쌀가루를 이용해 만들어 담백한 맛이 일품이죠.
만드는 방법도 간단해서 초보자도 쉽게 만들 수 있어요. 머핀컵에 넣어 작게 만들면 귀여운 컵케
이크가, 원형틀에 넣어 크게 만들면 근사한 케이크가 완성돼요.

박력분 80g, 쌀가루(제과용) 40g, 설탕 40g, 옥수수전분 10g, 베이킹파우더 3g,

베이킹소다 1g, 소금 약간, 우유 75㎖, 달걀흰자 35g, 포도씨유 12㎖, 건포도 40~50g

건포도 불리기 건포도는 끓는 물에 5분간 담가 불린 뒤 건져내 물기를 빼주세요.

가루 재료, 액체 재료 섞기 박력분, 쌀가루, 설탕, 옥수수전분, 베이킹파우더, 베이킹소다, 소금을 체에 내려 볼에 넣고 섞은 뒤 우유, 달걀흰자를 넣고 섞어주세요.

포도씨유 넣기 가루 재료가 보이지 않을 정도로 고루 섞이면 포도씨유를 넣고 섞어주세요.

건포도 넣기 포도씨유가 분리되지 않고 고루 섞이면 불린 건포도를 넣고 섞어 반죽을 만들어주세요.

찌기 은박컵이나 머핀컵에 유산지를 깔고 반죽을 채운 뒤 찜기에 넣고 15분간 쪄주세요. TIP

TIP 케이크에 물이 들어가지 않도록 면보를 씌운 뒤 뚜껑을 덮어주세요.

180℃

10~15분

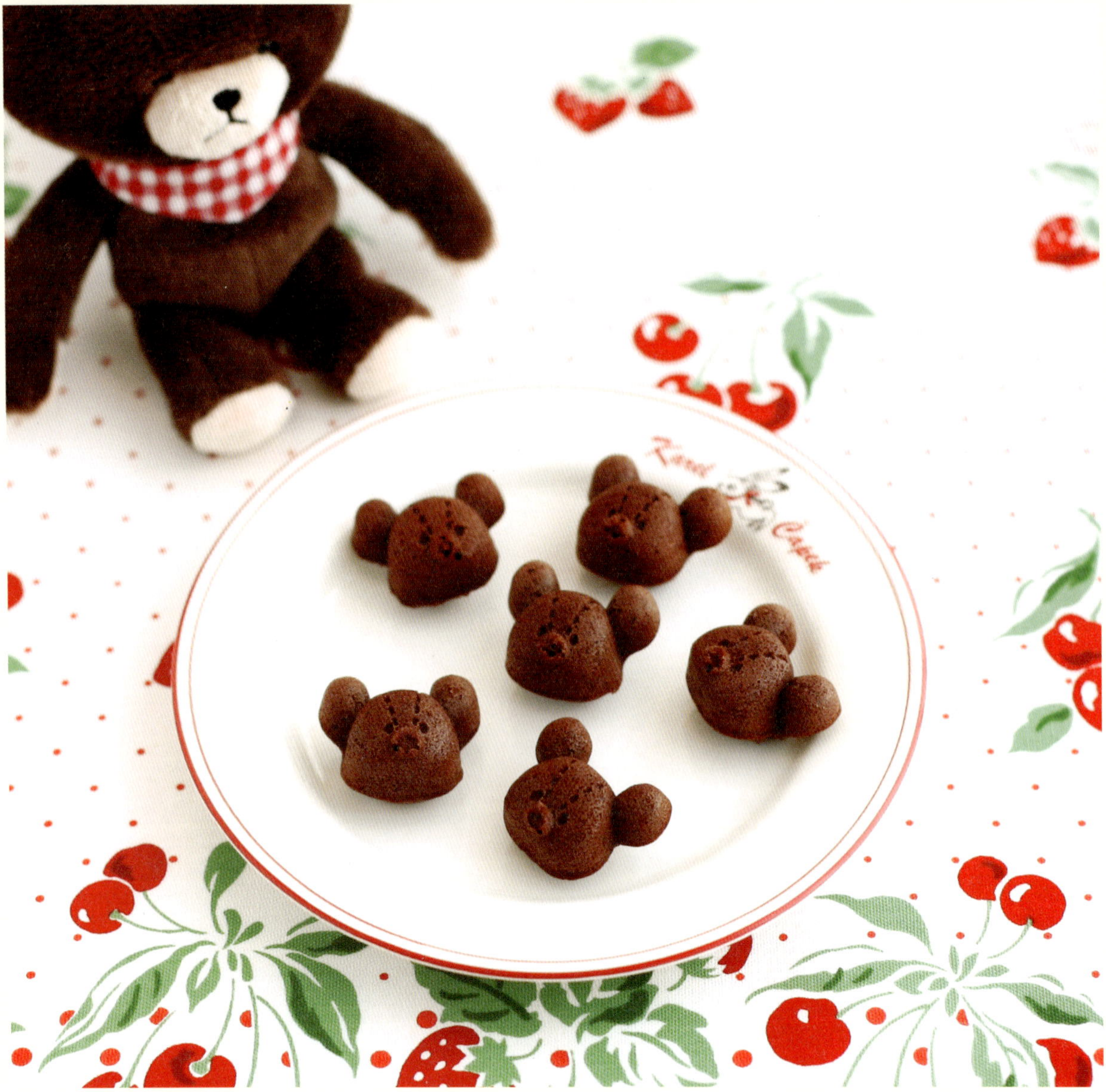

초코아몬드쁘띠케이크

평소 사용할 일 없이 모아만 두었던 예쁜 모양틀이 있다면 귀엽고 깜찍한 초코아몬드쁘띠케이크를 만들어보세요. 밀가루 대신 아몬드가루를 넣어 만들었기 때문에 더욱 고소하답니다.

아몬드가루 60g, 슈가파우더 60g, 무가당 코코아가루 8g, 옥수수전분 5g, 베이킹파우더 1g,
소금 약간, 버터 45g, 달걀흰자 74g, 그랑마르니에 1Ts
분량 외 재료 틀에 바를 버터 약간

버터 끓이기 버터는 냄비에 넣고 엷은 갈색이 돌 때까지 약불로 끓여주세요. **TIP 1**

짤주머니에 반죽 넣기 반죽을 짤주머니에 넣어주세요.

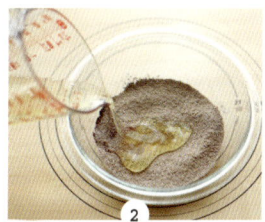

가루 재료, 달걀흰자 섞기 아몬드가루, 슈가파우더, 무가당 코코아가루, 옥수수전분, 베이킹파우더, 소금을 체에 내려 달걀흰자와 함께 볼에 넣고 섞어주세요.

틀에 버터 바르기 틀에 버터를 꼼꼼히 발라주세요.

그랑마르니에에 넣기 가루 재료가 보이지 않을 정도로 고루 섞이면 그랑마르니에를 넣고 섞어주세요.

굽기 버터를 바른 틀에 반죽을 채운 뒤 180℃로 예열한 오븐에 넣고 10~15분간 구워주세요. **TIP 2**

버터 넣기 끓여둔 버터를 체에 거른 뒤 36g을 계량해 넣고 천천히 섞어 반죽을 만들어주세요.

TIP 1 버터를 끓이면 수분이 날아가서 계량했던 양보다 줄어들기 때문에 넉넉히 계량한 뒤 사용하는 게 좋아요.
TIP 2 조금 더 큰 틀에 굽는 경우 15~20분간 구워주세요.

Cake

170℃

30~40분

바나나스퀘어케이크

바나나는 부드러운 질감과 향긋한 향 때문에 아이들이 좋아하는 과일이에요. 바나나를 으깨서 반
죽을 만들고, 바나나를 슬라이스해서 장식하면 케이크로도 바나나를 즐길 수 있답니다.

Ready {사방 16.5cm 사각틀 크기 1개}

박력분 140g, 설탕 90g, 아몬드가루 60g, 시나몬파우더 1/2ts, 베이킹파우더 1/2ts, 베이킹소다 1/4ts,
소금 약간, 버터 100g, 달걀 100g, 생크림 55㎖, 바나나 1개(100g)
바나나퓨레 바나나 2개(200g), 설탕 5g

바나나퓨레 만들기 바나나퓨레 재료를 볼에 넣고 포크로 으깨 바나나퓨레를 만들어주세요.

버터 크림화 다른 볼에 부드러운 버터를 넣고 저어 풀어준 뒤 설탕, 소금을 넣고 섞어주세요.

달걀 넣기 버터 색이 뽀얗게 되면 달걀을 풀어 조금씩 넣어가며 섞어주세요.

생크림 넣기 버터와 달걀이 고루 섞이면 생크림을 조금씩 넣어가며 섞어주세요.

바나나퓨레 넣기 생크림이 고루 섞이면 바나나퓨레를 넣고 섞어주세요.

가루 재료 넣기 바나나퓨레가 고루 섞이면 박력분, 아몬드가루, 시나몬파우더, 베이킹파우더, 베이킹소다를 체에 내려 넣고 섞어 반죽을 만들어주세요.

반죽 넣기 사각틀에 유산지를 깐 뒤 반죽을 채워 넣고 반죽 윗면을 평평하게 다듬어주세요. TIP

굽기 바나나를 4~5mm 두께로 슬라이스해서 반죽 윗면에 올린 뒤 170℃로 예열한 오븐에 넣고 30~40분간 구워주세요.

TIP 머핀컵에 반죽을 나눠 담고 바나나를 한 조각씩 올려 구우면 색다른 느낌의 바나나머핀이 완성됩니다.

Cake

180℃→160℃

15분→25분

럼레이즌파운드케이크

모든 재료를 1파운드씩 넣어 만들기 때문에 파운드케이크라는 이름이 붙여졌어요. 럼레이즌파운
드케이크는 기본적인 파운드케이크 레시피에 럼주에 절인 건포도를 넣고 만든 케이크예요. 파운
드케이크는 바로 만들어서 먹는 것보다는 만든 다음 날에 먹는 것이 더 촉촉해요.

박력분 120g, 설탕 80g, 베이킹파우더 1ts, 소금 약간, 버터 100g, 달걀 100~105g, 럼주 20㎖, 건포도 90g

시럽 설탕 30g, 물 30㎖, 럼주 30㎖

분량 외 재료 주걱에 바를 식용유 약간

불린 건포도와 럼주 섞기 건포도는 끓는 물에 1분간 담가 불린 뒤 건져내 물기를 빼서 럼주에 절여주세요.

시럽 만들기 시럽 재료의 설탕, 물을 냄비에 넣고 설탕이 녹을 정도로만 끓인 뒤 럼주를 섞어 시럽을 만들어주세요.

버터 크림화 부드러운 버터를 볼에 넣고 저어 풀어준 뒤 설탕, 소금을 넣고 섞어주세요.

달걀 넣기 버터 색이 뽀얗게 되면 달걀을 풀어 조금씩 넣어가며 섞어주세요.

가루 재료 넣기 버터와 달걀이 고루 섞이면 박력분, 베이킹파우더를 체에 내려 넣고 섞어주세요.

절인 건포도 넣기 가루가 보이지 않을 정도로 고루 섞이면 럼주에 절여둔 건포도를 넣고 섞어 반죽을 만들어주세요.

굽기 파운드틀에 반죽을 넣고 주걱에 식용유를 발라서 윗면에 선을 그어주세요. TIP

시럽 바르기 180℃로 예열한 오븐에 반죽을 넣은 파운드틀을 넣고 15분간, 160℃로 온도를 내려 25분간 구운 뒤 시럽을 발라주세요.

> **TIP** 식용유를 바른 주걱으로 선을 그어주는 이유는 굽는 동안 케이크 윗면이 예쁘게 터질 수 있도록 봉긋하게 부풀어 오를 자리를 마련해주기 위해서예요.

무화과파운드케이크

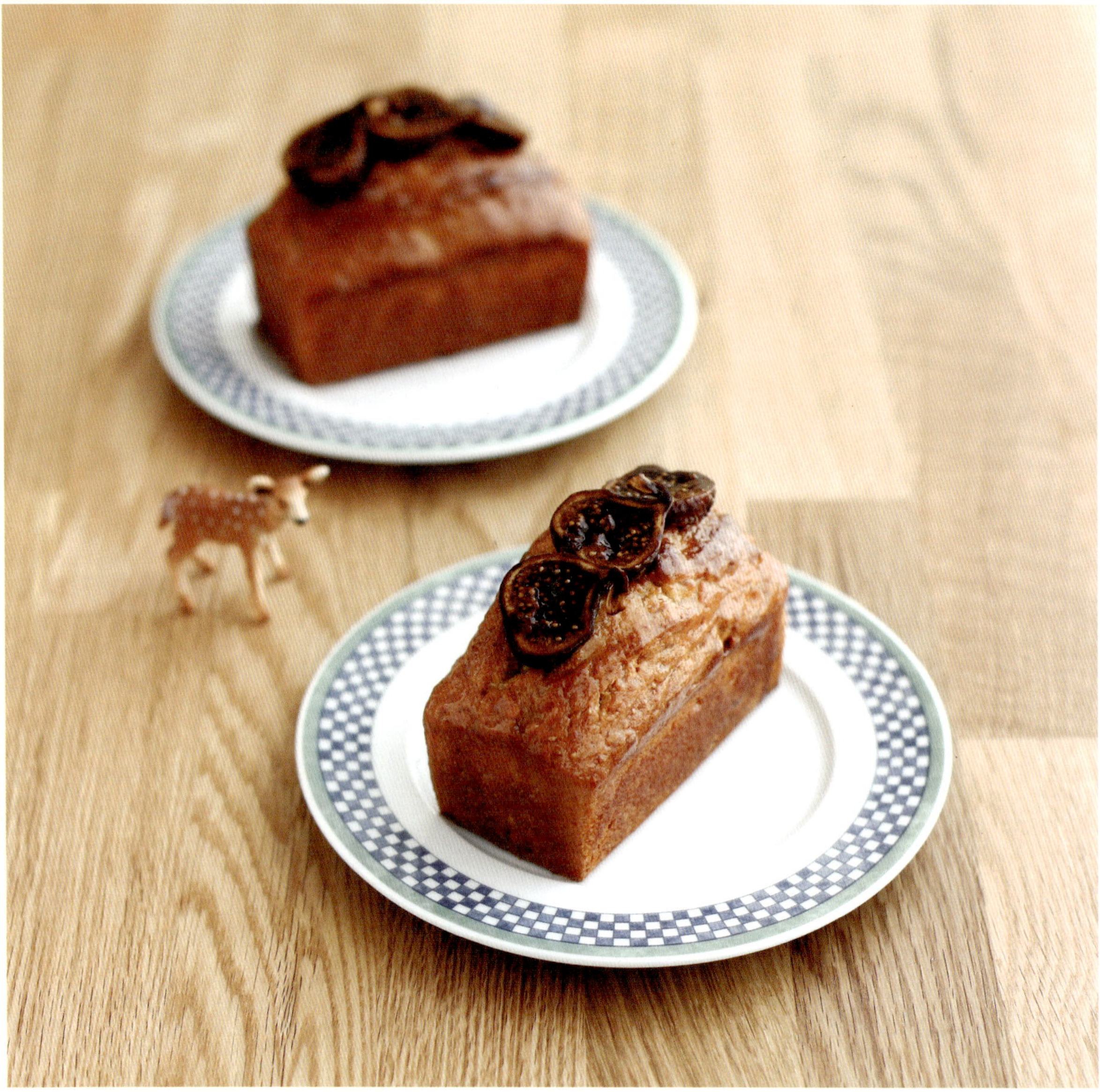

케이크 중 가장 만들기 간편한 파운드케이크에 절인 무화과를 넣어 만들었어요. 반죽에 절인 무화
과를 갈아 넣어 톡톡 씹히는 맛이 일품이랍니다. 푸드프로세서를 이용하면 설거지 거리도 줄고,
빠르고 편하게 재료를 섞을 수 있어 좋아요.

박력분 180g, 베이킹파우더 4g, 황설탕 120g, 소금 약간, 버터 150g, 달걀 150g, 절인 무화과 170g
분량 외 재료 주걱에 바를 식용유 약간, 케이크에 바를 나빠주와 물 약간, 케이크를 장식할 반건조 무화과 적당량

버터 크림화 버터, 황설탕, 소금을 푸드프로세서에 넣고 섞어주세요. TIP 1

가루 재료 넣기 절인 무화과가 고루 섞이면 박력분, 베이킹파우더를 체에 내린 뒤 나눠 넣어가며 섞어 반죽을 만들어주세요. TIP 3

달걀 넣기 버터가 뽀얗게 되면 달걀을 풀어 조금씩 나눠 넣어가며 섞어주세요.

굽기 파운드틀에 유산지를 깔고 반죽을 채워 주걱에 식용유를 발라서 선을 그어준 뒤 180℃로 예열한 오븐 온도를 170℃로 낮춰 35분간 구워주세요. TIP 4

절인 무화과 넣기 버터와 달걀이 고루 섞이면 절인 무화과를 넣고 섞어주세요. TIP 2

장식하기 구운 케이크를 한 김 식힌 뒤 나빠주와 물을 동량으로 섞어 발라주고 반건조 무화과로 장식해주세요.

TIP 1 푸드프로세서가 없을 때는 절인 무화과를 블렌더로 곱게 갈아서 준비한 뒤 버터, 설탕, 소금, 달걀, 곱게 간 절인 무화과, 가루 재료 순서대로 넣고 섞어주세요.

TIP 2 깨끗한 유리병에 반건조 무화과 300g을 넣고 무화과가 잠길 정도로 럼주를 부어둔 뒤 일주일 이상 재워 사용하세요.

TIP 3 가루 재료를 푸드프로세서에 넣고 오랫동안 섞으면 글루텐이 형성되어 빵이 딱딱해질 수 있으니 나눠 넣어가며 돌렸다가 멈췄다가를 반복해서 섞어주세요.

TIP 4 큰 파운드틀에 구울 경우에는 40분간 구워주세요.

Cake

 180℃→160℃  15분→25분

마블파운드케이크

베이킹에 있어서는 재료를 섞는 정도도 참 중요한 것 같아요. 마블파운드케이크의 경우 색이 다른
반죽을 겹겹이 쌓아 살짝만 저어서 자연스러운 마블 모양을 만드는 게 관건이에요. 모양이 예쁠
뿐만 아니라 두 가지 맛을 한 번에 볼 수 있는 마블파운드케이크! 한번 만들어보세요.

Ready {18cm 길이 파운드틀 크기 1개}

박력분 120g, 슈가파우더 100g, 무가당 코코아가루 15g, 베이킹파우더 1ts, 소금 약간, 버터 100g,
달걀 100g, 달걀노른자 15g, 우유 25㎖, 바닐라빈(씨 부분) 약간
분량 외 재료 주걱에 바를 식용유 약간

버터 크림화 부드러운 버터를 볼에 넣고 저어 풀어준 뒤 슈가파우더, 소금을 넣고 섞어주세요. **TIP 1**

반죽 넣기 파운드틀에 유산지를 깐 뒤 남은 2/3의 흰 반주을 절반 정도 넣은 뒤 덜어 놓은 1/3의 초콜릿 반죽을 듬성듬성 넣어주세요.

달걀 넣기 버터 색이 뽀얗게 되면 달걀과 달걀노른자를 풀어 조금씩 넣어가며 섞어주세요.

반죽 젓고 넣기 반죽을 젓가락으로 저어 마블 모양이 생기게 만든 뒤 남은 절반 정도의 반죽을 듬성듬성 넣어주세요.

바닐라빈 넣기 버터와 달걀이 고루 섞이면 바닐라빈을 넣고 섞은 뒤 박력분, 베이킹파우더를 체에 내려 넣고 섞어주세요. **TIP 2**

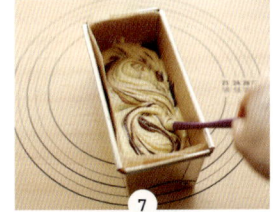

반죽 젓기 반죽을 젓가락으로 저어 마블 모양이 생기게 만든 뒤 바닥에 내려쳐 잔공기를 빼주세요.

초콜릿 반죽 만들기 가루가 보이지 않을 정도로 고루 섞이면 반죽의 1/3을 덜어 코코아가루, 우유를 넣고 섞어 초콜릿 반죽을 만들어주세요. **TIP 3**

굽기 주걱에 식용유를 발라 반죽 윗면에 선을 그어준 뒤 180℃로 예열한 오븐에 넣고 15분간, 160℃로 온도를 내려 25분간 구워주세요.

TIP 1 슈가파우더를 넣은 직후 핸드믹서로 돌리면 가루가 날릴 수 있으니 주걱으로 한번 섞은 뒤 핸드믹서로 섞어주세요.

TIP 2 바닐라설탕이나 바닐라오일로 대체 가능해요.

TIP 3 코코아가루 대신 반죽에 녹차가루 7g과 우유 20㎖를 섞어 초콜릿 반죽 대신 넣으면 녹차 마블케이크가 완성됩니다.

Cake

180℃→160℃

15분→25분

마론크림파운드케이크

프랑스에서 나는 밤으로 만든 마론크림은 국내에서 나는 밤과는 색상, 맛의 차이가 있어요. '본마망'이라는 프랑스 회사에서 만든 마론크림은 인터넷 쇼핑몰에서 쉽게 구입할 수 있으니 하나 구비해두면 다양하게 활용할 수 있어요. 마론크림을 넣는 대신 설탕의 양을 줄인 파운드케이크를 만들어보세요.

Ready {18cm 길이 파운드틀 크기 1개}

박력분 120g, 베이킹파우더 1ts, 황설탕 60g, 소금 약간, 버터 80g, 마론크림 80g,
달걀 100g, 다크럼주 15㎖, 마론 조각 50g
분량 외 재료 주걱에 바를 식용유 약간

버터 크림화 부드러운 버터를 볼에 넣고 저어 풀어준 뒤 황설탕, 소금을 넣고 섞어주세요.

가루 재료 넣기 다크럼주가 고루 섞이면 박력분, 베이킹파우더를 체에 내려 넣고 섞어주세요.

마론크림 넣기 버터 색이 뽀얗게 되면 마론크림을 넣고 섞어주세요.

마론 조각 넣기 가루가 보이지 않을 정도로 고루 섞이면 마론 조각을 넣고 섞어 반죽을 만들어주세요. TIP 2

달걀 넣기 버터와 마론크림이 고루 섞이면 달걀을 풀어 조금씩 넣어가며 섞어주세요.

굽기 파운드틀에 유산지를 깔고 반죽을 넣어 주걱에 식용유를 발라 반죽에 선을 그은 뒤 180℃로 예열한 오븐에 넣고 15분간, 160℃로 온도를 내려 25분간 구워주세요.

다크럼주 넣기 달걀이 고루 섞이면 다크럼주를 넣고 섞어주세요. TIP 1

TIP 1 베이킹에 사용하는 럼주는 다크럼주를 사용하는 것이 훨씬 향이 좋아요.
TIP 2 마론 조각이 없다면 밤 통조림이나 맛밤으로 대체하거나 생략해도 괜찮아요.

Cake

150℃

50분~1시간

수플레치즈케이크

수플레치즈케이크는 머랭을 넣고 중탕으로 구워내기 때문에 다른 치즈케이크와는 다른 부드럽고
촉촉한 질감이 일품이에요. 머랭 만드는 법, 중탕하는 법만 알면 사 먹는 것보다 훨씬 맛있는 치즈
케이크를 만들 수 있답니다.

Ready {지름 15cm 원형틀 크기 1개}
슬라이스한 스폰지케이크 1장, 크림치즈 150g, 슈가파우더 30g, 옥수수전분 20g, 설탕 20g,
버터 15g, 달걀 100g, 우유 80㎖, 생크림 27㎖, 레몬즙 10㎖

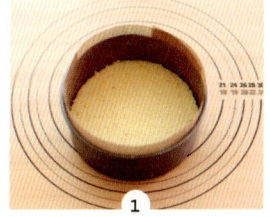

밑준비하기 원형틀에 유산지를 깐 뒤 슬라이스한 스폰지케이크를 깔아주세요. 달걀은 노른자와 흰자를 분리해 준비해주세요. **TIP 1**

우유, 생크림 넣기 가루가 보이지 않도록 고루 섞이면 우유를 넣고 섞은 뒤 생크림을 넣고 섞어 반죽을 만들어주세요. **TIP 2**

버터 크림화 부드러운 버터와 크림치즈를 볼에 넣고 저어 풀어준 뒤 슈가파우더와 달걀 노른자를 넣고 섞어주세요.

머랭 만들기 다른 볼에 달걀 흰자를 넣고 저어 거품을 낸 뒤 설탕을 나눠 넣어가며 거품을 올려 부드러운 머랭을 만들어주세요. **TIP 3**

레몬즙 넣기 달걀노른자가 고루 섞이면 레몬즙을 넣고 섞어주세요.

반죽에 머랭 넣기 만들어둔 반죽에 머랭을 조금씩 넣어가며 섞은 뒤 스폰지케이크를 깔아둔 원형틀에 채워 넣어주세요.

옥수수전분 넣기 레몬즙이 고루 섞이면 옥수수전분을 체에 내려 넣고 섞어주세요.

굽기 반죽을 채운 원형틀을 따뜻한 물을 넣은 오븐팬 위에 올린 뒤 150℃로 예열한 오븐에 넣고 50분~1시간 정도 중탕으로 구워주세요. **TIP 4**

TIP 1 156쪽을 참조해 스폰지케이크를 준비해주세요.

TIP 2 우유는 차갑지 않은 것으로 준비해주세요.

TIP 3 치즈케이크에 들어가는 머랭은 뿔이 뾰족하게 설 정도의 단단한 것보다는 뿔이 축 처지는 정도의 부드러운 것으로 만들어주세요.

TIP 4 중탕으로 오랫동안 구워내면 부드럽고 촉촉한 치즈케이크가 완성돼요. 굽고 난 뒤에는 틀 그대로 케이크를 완전히 식힌 다음 틀에서 분리해주세요.

Cake

160~170℃

40~50분

단호박치즈케이크

스폰지케이크 대신 통밀쿠키로 시트를 만들고 단호박을 넣어 영양을 더한 치즈케이크예요. 스폰
지케이크를 따로 만들지 않고도 시판쿠키를 이용해 간단하게 치즈케이크를 만들 수 있어요.

Ready {지름 15cm 원형틀 크기 1개}

크림치즈 200g, 생크림 95㎖, 설탕 70g, 옥수수전분 20g, 달걀 100g, 바닐라가루 약간,
단호박 페이스트 150g, 호박씨 적당량

시트 통밀쿠키 60g, 버터 20g

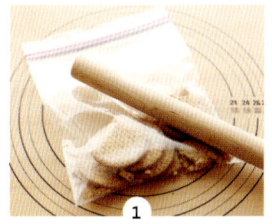

통밀쿠키 부수기 시트 재료의 통밀쿠키를 비닐에 넣고 두들겨서 곱게 부숴주세요.

달걀, 바닐라가루 넣기 단호박 페이스트가 고루 섞이면 달걀을 풀어 나눠 넣어가며 섞은 뒤 바닐라가루를 넣고 섞어주세요.

버터 넣고 섞기 부순 통밀쿠키에 **시트** 재료의 부드러운 버터를 넣고 주물러 섞어 시트를 만들어주세요.

옥수수전분 넣기 달걀과 바닐라가루가 고루 섞이면 옥수수전분을 체에 내려 넣고 섞어주세요.

틀에 넣고 냉장하기 원형틀에 유산지를 깔고 시트를 꾹꾹 눌러 깐 뒤 1시간 정도 냉장해주세요.

생크림 넣기 가루가 보이지 않을 정도로 고루 섞이면 생크림을 넣고 섞어 반죽을 만들어주세요.

크림치즈 크림화 크림치즈를 볼에 넣고 저어서 풀어준 뒤 설탕을 넣고 섞어주세요.

굽기 냉장해둔 시트를 꺼내 반죽을 채우고 윗면에 호박씨를 뿌린 뒤 160~170℃로 예열한 오븐에 넣고 40~50분간 구워주세요. TIP 2

단호박 페이스트 넣기 크림치즈와 설탕이 고루 섞이면 단호박 페이스트를 넣고 섞어주세요. TIP 1

TIP 1 단호박 페이스트는 사용할 분량보다 약간 더 많은 양의 단호박을 계량해 전자레인지나 찜통에 넣고 익혀 노란 속만 긁어낸 뒤 핸드블렌더로 곱게 갈아 페이스트 상태로 만들어 사용해주세요.

TIP 2 구워낸 단호박치즈케이크는 틀째 그대로 식힌 뒤 틀에서 분리하고 냉장고에 차갑게 보관했다가 먹으면 더욱 맛있어요.

150℃

50분

오레오치즈케이크

크게 부순 오레오를 반죽에 넣으면 치즈케이크와 어우러져 환상의 맛을 자랑해요. 사워크림을 넣으면 반죽이 너무 질지 않게 만들어지고 치즈의 느끼한 맛을 줄일 수 있어 좋아요.

Ready {지름 18cm 원형틀 크기 1개}

오레오 50~60g, 크림치즈 250g, 생크림 200g, 사워크림 120g, 설탕 80g, 옥수수전분 2Ts, 달걀 100g, 바닐라빈(씨 부분) 1/2개

오레오 부수기 오레오는 크림을 모두 제거한 뒤 부숴주세요. 달걀은 노른자와 흰자를 분리해 준비해주세요.

생크림 넣기 가루가 보이지 않을 정도로 고루 섞이면 생크림을 넣고 섞어 생크림 반죽을 만들어주세요.

크림치즈, 사워크림 섞기 크림치즈를 볼에 넣고 저어 풀어준 뒤 사워크림을 넣고 섞어주세요.

머랭 만들기 다른 볼에 달걀 흰자를 풀어 넣고 남은 설탕 50~55g을 조금씩 넣어가며 거품을 올려 부드러운 머랭을 만들어주세요.

설탕 넣기 크림치즈와 사워크림이 고루 섞이면 설탕 25~30g을 넣고 섞어주세요.

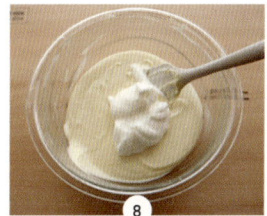

반죽에 머랭 넣기 만들어둔 생크림 반죽에 머랭을 조금씩 넣어가며 섞어 반죽을 만들어주세요.

달걀노른자, 바닐라빈 넣기 설탕이 고루 섞이면 달걀노른자와 바닐라빈을 넣고 섞어주세요.

굽기 부순 오레오를 반죽에 넣고 섞어 유산지를 깐 원형틀에 채워주세요. 원형틀을 따뜻한 물을 넣은 오븐팬 위에 올려서 150℃로 예열한 오븐에 넣고 50분간 중탕으로 구워주세요. **TIP 2**

옥수수전분 넣기 달걀노른자와 바닐라빈이 고루 섞이면 옥수수전분을 체에 내려 넣고 섞어주세요.

TIP 1 치즈케이크에 들어가는 머랭은 뿔이 뾰족하게 설 정도의 단단한 것보다는 뿔이 축 처지는 정도의 부드러운 것으로 만들어주세요.

TIP 2 치즈케이크는 굽고 나서 반드시 완전히 식힌 뒤 틀에서 빼야 부숴지지 않아요.

Cake

170℃

25~30분

플레인시폰케이크

시폰케이크는 비단결과 같은 식감으로 만드는 아주 부드러운 케이크랍니다. 보통의 스폰지케이크
처럼 달걀과 설탕, 밀가루, 오일류를 넣어 만드는 것은 비슷하지만 가루 양이 좀 더 적고 물을 넣
어 더 촉촉하고 폭신폭신하게 만들어내는 것이 포인트랍니다.

Ready {지름 17cm 시폰케이크틀 크기 1개}

박력분 75g, 설탕 65g, 달걀노른자 45g, 달걀흰자 130g, 포도씨유(또는 식용유) 25㎖,
물 40㎖, 바닐라오일(또는 바닐라빈) 약간

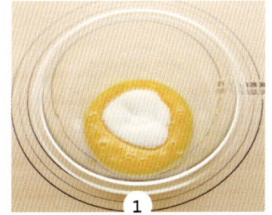

액체 재료 섞기 볼에 달걀노른자와 설탕 35g을 넣고 섞은 뒤 색이 뽀얗게 되면 포도씨유와 바닐라오일을 넣고 섞어주세요.

물 넣기 분리되지 않도록 고루 섞이면 물을 조금씩 넣어가며 섞어주세요.

박력분 넣기 물이 고루 섞이면 박력분을 체에 내려 넣고 가루가 보이지 않을 정도로 섞어 노른자 반죽을 만들어주세요.

머랭 만들기 볼에 달걀흰자를 넣고 거품을 약간 올린 뒤 남은 설탕 30g을 나눠 넣어가며 거품을 올려 단단한 머랭을 만들어주세요. TIP 1

머랭 넣기 노른자 반죽에 머랭을 나눠 넣어가며 거품이 꺼지지 않도록 섞어 반죽을 만들어주세요.

틀에 반죽 넣기 20cm 높이에서 반죽을 떨어뜨려 시폰틀에 넣어주세요.

굽기 반죽을 젓가락으로 저어 잔공기를 뺀 뒤 170℃로 예열한 오븐에 넣고 25~30분간 구워주세요.

식히기 구워낸 케이크를 틀째 거꾸로 뒤집어 완전히 식혀주세요. TIP 2

분리하기 완전히 식으면 가장자리를 눌러가면서 케이크를 분리해주세요.

TIP 1 처음에는 거품기로 섞다가 머랭을 섞을 때는 거품이 꺼지지 않도록 주걱을 사용해서 섞어주세요. 거품이 꺼지면 케이크가 부풀지 않거나 주저앉아요.

TIP 2 시폰케이크는 오븐에서 꺼내자마자 거꾸로 뒤집어서 식혀야 꺼지지 않아요. 빈병에 틀째 거꾸로 꽂아 식히면 편리해요.

 170℃  25~30분

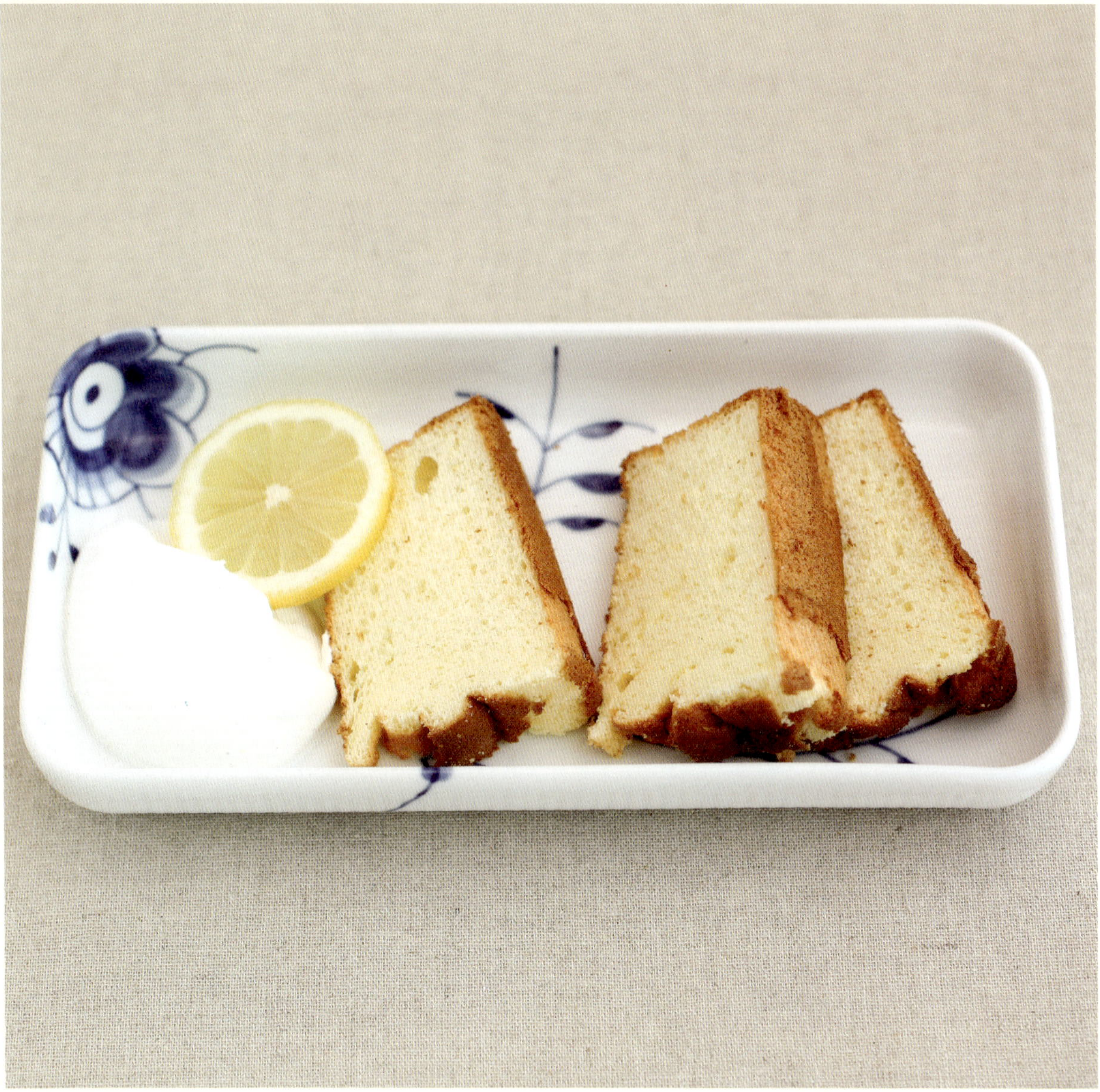

허니레몬시폰케이크

비타민C가 풍부한 레몬은 치즈케이크나 파운드케이크, 시폰케이크 등 자칫 느끼하거나 퍽퍽할 수 있는 빵과 참 잘 어울리는 과일이에요. 레몬제스트와 레몬즙을 넣어 만든 허니레몬시폰케이크는 느끼하지 않고 상큼해서 누구나 좋아한답니다. 레몬 대신 오렌지를 사용해서 만들어도 좋아요.

Ready {지름 17cm 시폰케이크틀 크기 1개}

박력분 75g, 설탕 40g, 달걀노른자 45g, 달걀흰자 130g, 꿀 30g, 포도씨유(또는 식용유) 25㎖,
물 25㎖, 레몬 1개(레몬제스트 4g, 레몬즙 15g)

레몬제스트, 레몬즙 준비하기
레몬은 강판이나 그라인더로
노란 껍질 부분만 긁어 레몬
제스트를 만들고, 남은 과육
을 짜서 레몬즙을 만들어주
세요. TIP 1

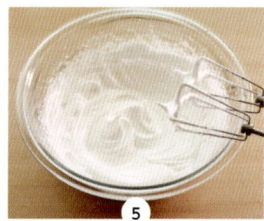

머랭 만들기 다른 볼에 달걀
흰자를 넣고 거품을 약간 올
린 뒤 남은 설탕 20g을 나눠
넣어가며 거품을 올려 단단
한 머랭을 만들어주세요.
TIP 2

액체 재료 섞기 달걀노른자를
볼에 넣고 설탕 20g과 꿀을
넣어 섞은 뒤 달걀 색이 뽀얗
게 되면 포도씨유를 넣고 섞
어주세요.

머랭 넣기 노른자 반죽에 머
랭을 나눠 넣어가며 거품이
꺼지지 않도록 섞어 반죽을
만들어주세요.

물, 레몬제스트, 레몬즙 넣기
분리되지 않도록 고루 섞이
면 물을 조금씩 넣어가며 섞
은 뒤 레몬제스트와 레몬즙
을 넣고 섞어주세요.

굽기 20cm 높이에서 반죽을
떨어뜨려 시폰케이크틀에 넣
고 젓가락으로 저어 잔공기
를 뺀 뒤 170℃로 예열한 오
븐에 넣고 25~30분간 구워
주세요.

박력분 넣기 재료가 고루 섞
이면 박력분을 체에 내려 넣
고 섞어 노른자 반죽을 만들
어주세요.

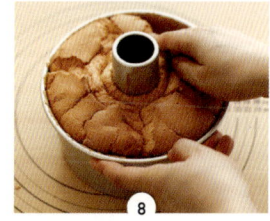

식혀 분리하기 구워낸 케이
크를 틀째 거꾸로 뒤집어 완
전히 식힌 뒤 가장자리를 눌
러가면서 케이크를 분리해주
세요. TIP 3

TIP 1 레몬은 굵은 소금으로 문질러 씻은 뒤 끓는 물에 살짝 담갔다 찬물로 씻어 왁스를 제거해서 사용해
주세요.

TIP 2 머랭을 섞을 때는 거품기나 핸드믹서를 사용해서 섞다가 마지막에는 거품이 꺼지지 않도록 주걱을
사용해서 섞어주세요. 거품이 꺼지면 케이크가 부풀지 않거나 주저앉아요.

TIP 3 시폰케이크는 오븐에서 꺼내자마자 거꾸로 뒤집어 식혀야 꺼지지 않아요. 빈 병에 꽂아 식히면 편
리해요.

홍차시폰케이크

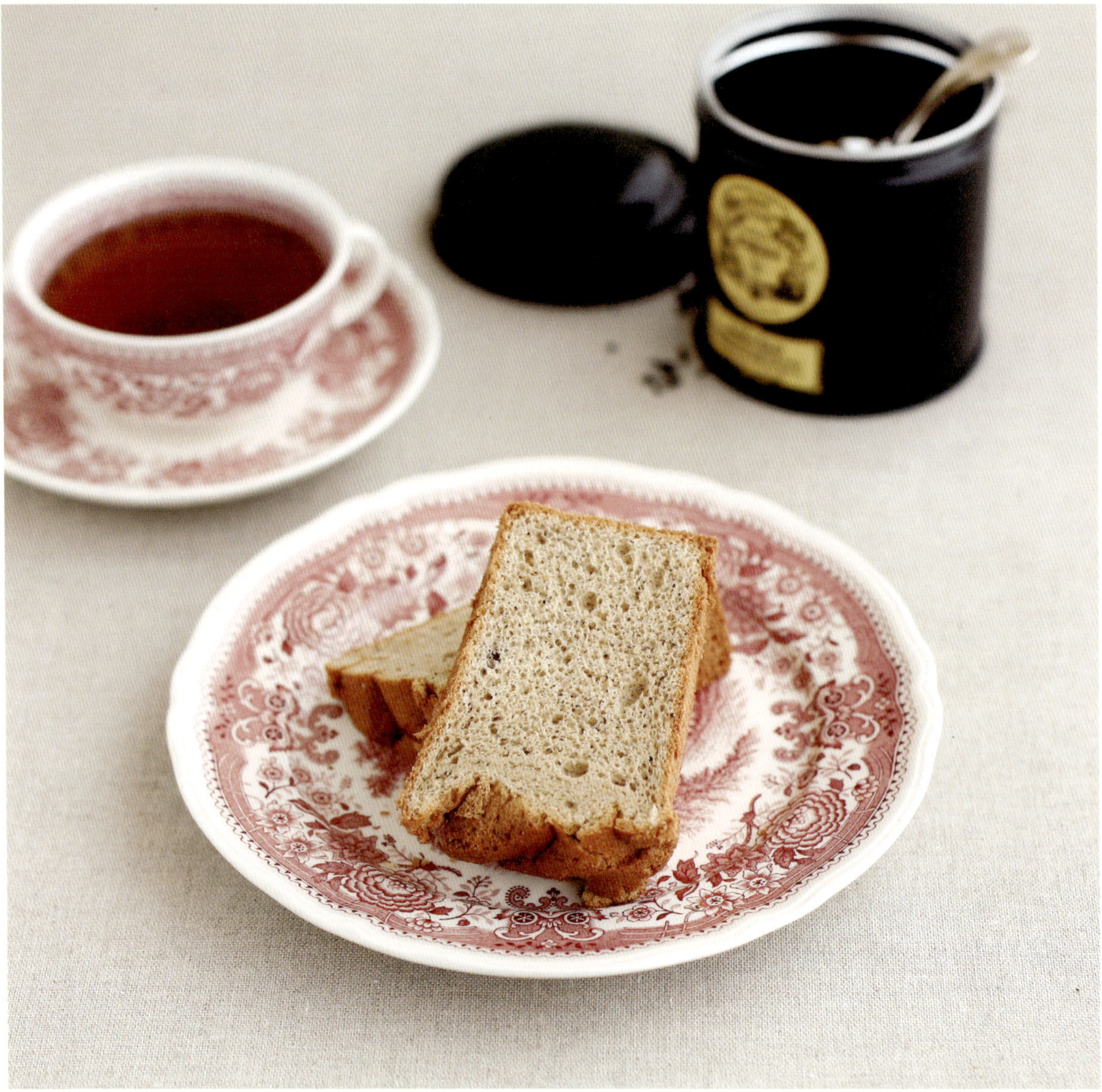

밀크티를 넣어 만드는 홍차시폰케이크는 사용하는 홍차잎의 향에 따라 조금씩 맛이 달라진답니다. 보통은 얼그레이 홍차를 사용해서 진한 홍차의 향을 가미하지만 각자의 취향에 맞게 다른 향의 홍차를 사용해보는 것도 좋아요.

Ready {지름 17cm 시폰케이크틀 크기 1개}

박력분 75g, 설탕 70g, 얼그레이 홍차 티백 1개(2g), 달걀노른자 45g, 달걀흰자 130g, 포도씨유(또는 식용유) 25㎖
밀크티 우유 100㎖, 얼그레이 홍차 티백 4개(8g)

밀크티 만들기 **밀크티** 재료를 냄비에 넣고 살짝 끓인 뒤 뚜껑을 덮어 5분간 그대로 두어 우려내 밀크티를 만들어 식혀주세요.

머랭 만들기 다른 볼에 달걀흰자를 넣고 거품을 약간 올린 뒤 남은 설탕 35g을 나눠 넣어가며 거품을 올려 단단한 머랭을 만들어주세요. TIP 1

액체 재료 섞기 달걀노른자를 볼에 넣고 설탕 35g과 꿀을 넣어 섞은 뒤 달걀 색이 뽀얗게 되면 포도씨유를 넣고 섞어주세요.

머랭 넣기 노른자 반죽에 머랭을 나눠 넣어가며 거품이 꺼지지 않도록 섞어 반죽을 만들어주세요.

밀크티 넣기 분리되지 않고 고루 섞이면 식혀둔 밀크티를 50㎖ 정도 계량해 조금씩 넣어가며 섞어주세요.

굽기 20cm 높이에서 반죽을 떨어뜨려 시폰케이크틀에 넣고 젓가락으로 저어 잔공기를 뺀 뒤 170℃로 예열한 오븐에 넣고 25~30분간 구워주세요.

가루 재료 넣기 밀크티가 고루 섞이면 박력분과 얼그레이 홍차 티백을 체에 내려 넣고 섞어 노른자 반죽을 만들어주세요.

식혀 분리하기 구워낸 케이크를 틀째 거꾸로 뒤집어 완전히 식힌 뒤 가장자리를 눌러가면서 케이크를 분리해주세요. TIP 2

TIP 1 머랭을 만들 때는 거품기나 핸드믹서를 사용해서 섞다가 마지막에는 거품이 꺼지지 않도록 주걱을 사용해서 섞어주세요. 거품이 꺼지면 케이크가 부풀지 않거나 주저앉아요.

TIP 2 시폰케이크는 오븐에서 꺼내자마자 거꾸로 뒤집어 식혀야 꺼지지 않아요. 빈 병에 꽂아 식히면 편리해요.

레이디핑거

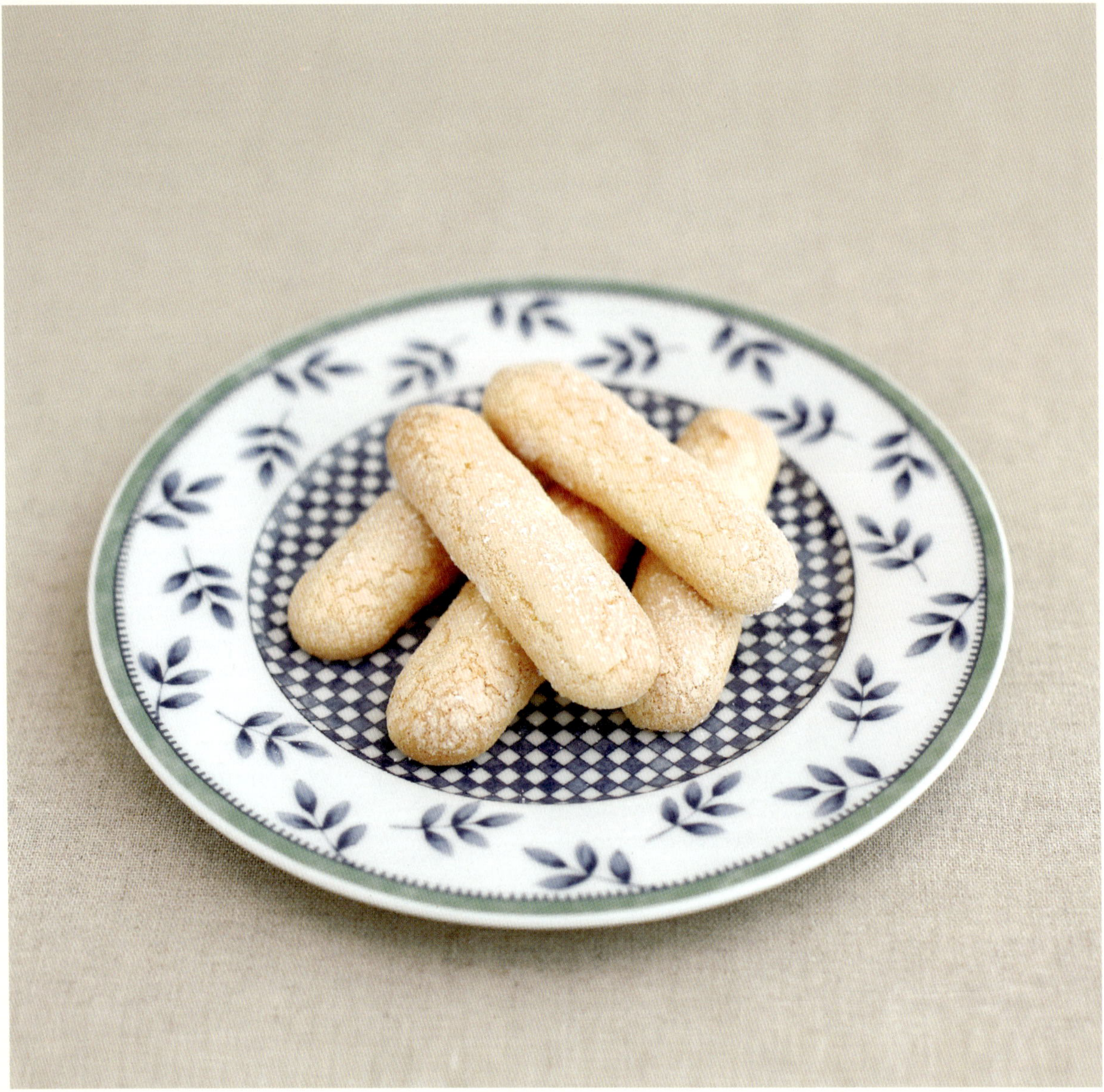

숙녀의 손가락처럼 가늘고 긴 레이디핑거는 폭신폭신하고 부드러운 질감의 미니 케이크예요. 볼 하나만 있으면 쉽게 만들 수 있고 먹기에도 간편해서 자주 만들게 돼요. 완성된 레이디핑거는 티라미수나 샤를로뜨케이크를 만들 때 시트로 사용해도 좋답니다.

박력분 60g, 설탕 55g, 달걀 100g, 슈가파우더 약간

달걀노른자, 흰자 분리하기
달걀은 노른자와 흰자를 분리해 준비해주세요.

박력분 넣기 머랭에 마블이 생기면 박력분을 체에 내려 넣고 가루가 보이지 않을 정도로만 섞어 반죽을 만들어 주세요. **TIP 1**

달걀흰자, 설탕 섞기 달걀흰자를 볼에 넣고 거품을 약간 올린 뒤 설탕을 나눠 넣어가며 거품을 올려주세요.

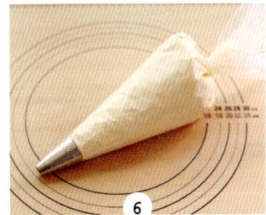

짤주머니에 반죽 넣기 1cm 지름의 원형 깍지를 끼운 짤주머니에 반죽을 넣어주세요.

머랭 만들기 거품을 들어보았을 때 뿔 모양이 뾰족하게 설 정도의 단단한 머랭으로 만들어주세요.

굽기 오븐팬 위에 종이호일을 깔고 반죽을 7~8cm 길이로 짜서 반죽 윗면에 슈가파우더를 뿌린 뒤 180℃로 예열한 오븐에 넣고 10~15분간 구워주세요. **TIP 2**

달걀노른자 넣기 머랭에 달걀노른자를 풀어 넣고 마블이 생길 정도로 서너 번 섞어주세요.

TIP 1 박력분을 넣고 너무 오래 섞게 되면 반죽이 묽어져서 짤주머니에 넣었을 때 짤 수 없는 상태가 돼버리니 가루가 보이지 않을 정도로만 가볍게 섞어주세요.

TIP 2 반죽 윗면에 슈가파우더를 뿌리면 굽는 과정에서 수분이 날아가는 것이 방지돼요.

180~190℃ 10~12분

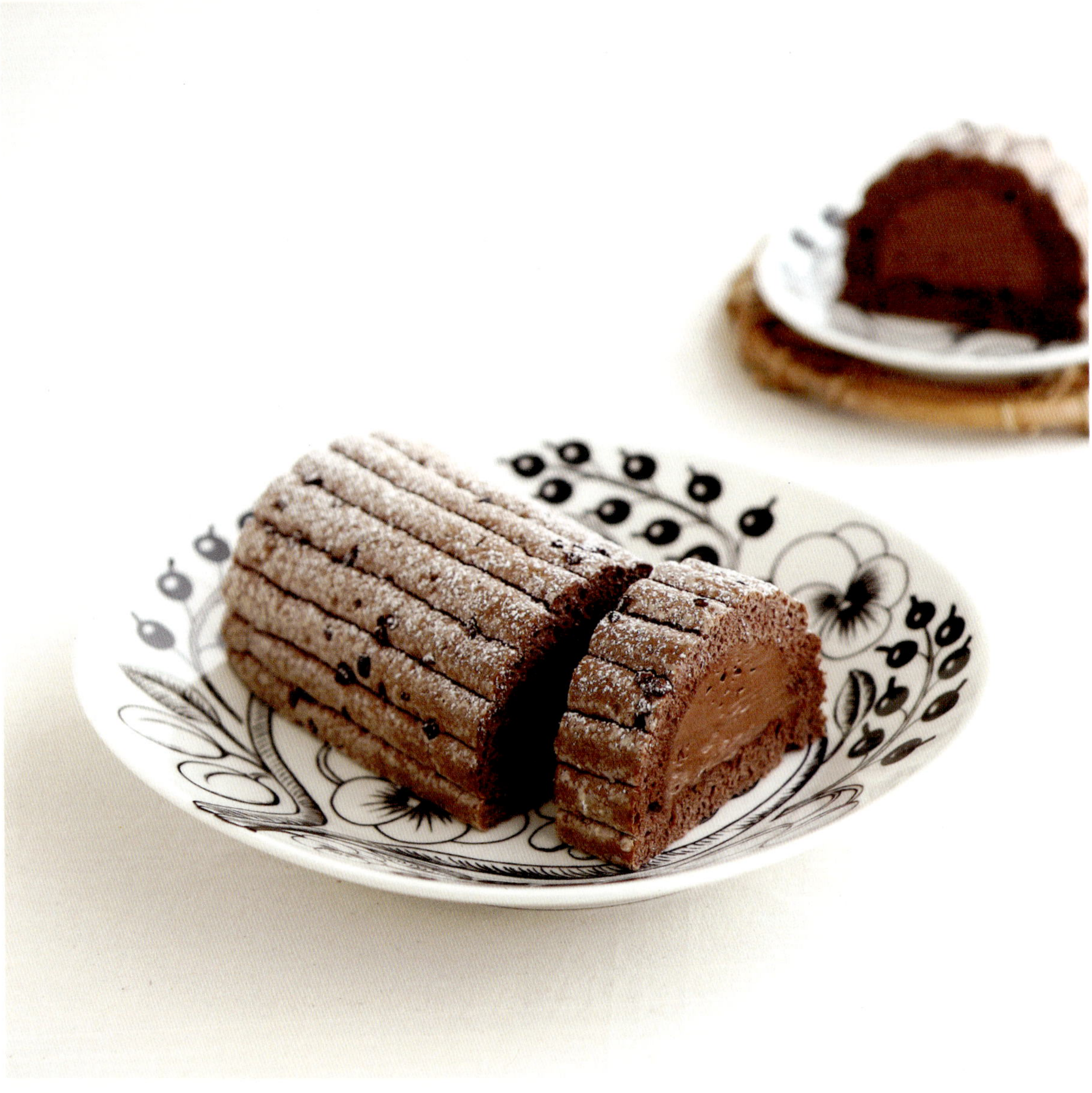

초콜릿무스케이크

고마움을 표현하고 싶을 때, 소중한 사람에게 초콜릿무스케이크를 선물해보세요. 만들기는 제법 번거롭지만, 촉촉한 비스퀴 안에 부드러운 초코크림이 듬뿍 들어 있어 한입만 먹어도 감동이 밀려 온답니다.

Ready {21cm 길이 반달모양틀 크기 1개}

박력분 78g, 설탕 80g, 무가당 코코아가루 12g, 달걀 150g, 슈가파우더 약간, 카카오닙(그뤼에드카카오) 약간
가나슈 생크림 200㎖, 다크초콜릿 100g
분량 외 재료 비스퀴 윗면에 바를 라즈베리쨈 적당량

가나슈 만들기 가나슈 재료의 다크초콜릿은 중탕으로 녹이고 생크림은 데워서 준비한 뒤 두 재료를 섞어 가나슈를 만들어 한김 식혀 랩으로 덮어 냉장해주세요. TIP

머랭 만들기 달걀노른자와 흰자를 분리한 뒤 볼에 달걀흰자를 넣고 설탕을 나눠 넣어가며 거품을 올려 단단한 머랭을 만들어주세요.

달걀노른자 넣기 머랭에 달걀노른자를 풀어 나눠 넣어가며 마블이 생길 정도로 서너 번 섞어주세요.

가루 재료 넣기 달걀노른자가 가볍게 섞이면 박력분, 무가당 코코아가루를 체에 내려 넣고 큰 원을 그리며 섞어 반죽을 만들어주세요.

비스퀴 만들기 1cm 지름의 원형 깍지를 끼운 짤주머니에 반죽을 넣은 뒤 오븐팬에 종이호일을 깔고 반죽을 길게 짜서 슈가파우더, 카카오닙을 뿌려주세요.

비스퀴 자르기 180~190℃로 예열한 오븐에 넣고 10~12분간 구워 비스퀴를 만든 뒤 한김 식히고 뒤집어서 틀에 맞게 바닥면과 윗면을 나눠 잘라주세요.

초콜릿무스 만들기 냉장해둔 가나슈를 꺼내 뻑뻑해질 때까지 휘핑해 초콜릿무스를 만들어주세요.

초콜릿무스 채우기 틀에 유산지를 깐 뒤 잘라둔 비스퀴 바닥면을 꾹꾹 눌러 깔고 초콜릿무스를 채워 넣어주세요.

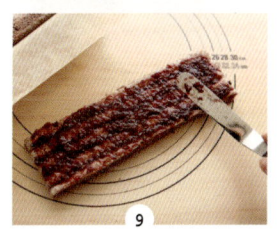

비스퀴 덮어 냉장하기 잘라둔 비스퀴 윗면에 라즈베리쨈을 바른 뒤 초콜릿무스를 채워 넣은 틀에 맞춰 넣고 유산지를 덮어서 그 위에 무거운 도마를 얹어 냉장해주세요.

TIP 가나슈는 차갑게 보관할수록 휘핑이 잘돼 초콜릿무스를 만들기 쉽기 때문에 전날 만들어 냉장해두는 게 가장 좋아요. 전날 만들지 못한 경우에는 오전에 만들어 오후에 휘핑해서 만들어도 됩니다. 초콜릿리큐르가 있다면 2ts 정도 넣어 만들어도 좋아요.

Cake

180℃→160℃   15분→25분

레몬 케이크

모자 모양을 한 구겔호프틀에 레몬케이크 반죽을 넣어 굽는 케이크랍니다. 구겔호프틀 모양이 예
뻐서 아이싱을 뿌리거나 슈가파우더로 장식하면 선물용으로 아주 좋은 케이크로 변신합니다.

Ready {지름 15cm 구겔호프틀 크기 1개}

박력분 120g, 설탕 90g, 베이킹파우더 1ts, 소금 약간, 바닐라가루 약간, 버터 80g,
달걀 100g, 생크림 30㎖, 레몬 1개(레몬제스트 4g, 레몬즙 15㎖)
레몬아이싱 슈가파우더 30g, 레몬즙 5㎖
분량 외 재료 볼에 바를 버터와 박력분 약간씩

틀에 버터 바르기 구겔호프틀 안쪽에 버터를 바른 뒤 냉장해주세요.

레몬제스트, 레몬즙 만들기 레몬은 강판이나 그라인더로 노란 껍질 부분만 긁어 레몬제스트를 만들고, 남은 과육을 짜서 레몬즙을 만들어주세요. **TIP**

버터 크림화 부드러운 버터를 볼에 넣고 저어 풀어준 뒤 설탕, 소금을 넣고 고루 섞어주세요.

달걀 넣기 버터 색이 뽀얗게 되면 달걀을 풀어 나눠 넣어가며 섞어주세요.

재료 넣고 섞기 버터와 달걀이 고루 섞이면 레몬제스트, 레몬즙, 바닐라가루를 넣고 섞은 뒤 생크림을 넣고 섞어주세요.

가루 재료 넣기 재료가 고루 섞이면 박력분, 베이킹파우더를 체에 내려 넣은 뒤 섞어 반죽을 만들어주세요.

틀에 박력분 입히기 냉장해둔 구겔호프틀을 꺼내 박력분을 뿌린 뒤 거꾸로 들고 몇 번 쳐서 박력분을 털어내주세요.

굽기 반죽을 구겔호프틀에 넣은 뒤 180℃로 예열한 오븐에 넣고 15분간, 160℃로 온도를 내려 25분간 구워주세요.

레몬아이싱 뿌리기 구워낸 케이크를 충분히 식혀 틀에서 분리한 뒤 **레몬아이싱** 재료를 고루 섞어 뿌려주세요.

TIP 레몬은 굵은소금으로 문질러 씻은 뒤 끓는 물에 살짝 담갔다 찬물로 씻어 왁스를 제거해서 사용해주세요.

170℃

30~35분

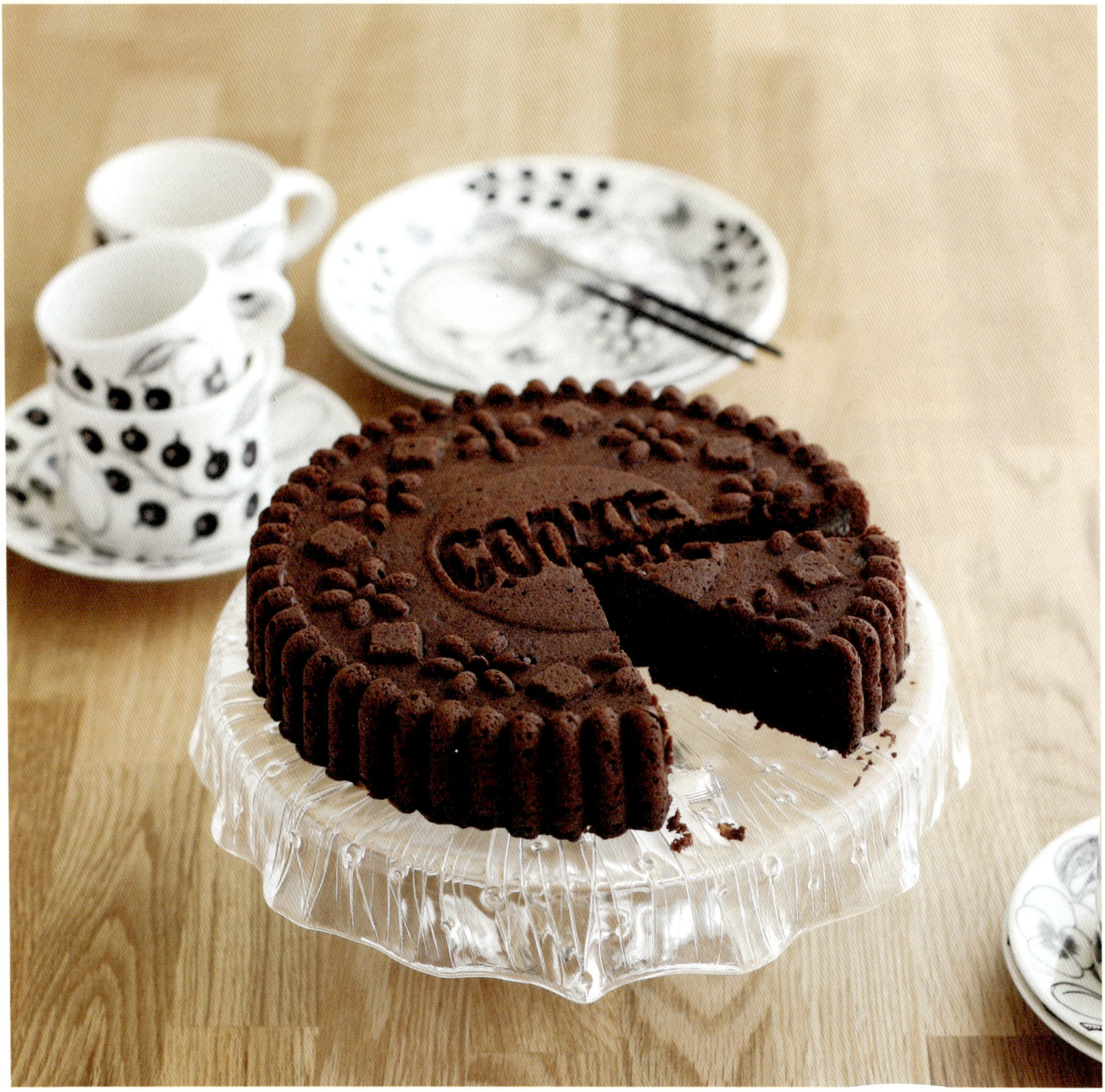

마론크림브라우니

햇살이 비치는 주말 오후, 티타임을 즐기고 싶을 때 빠져서는 안 되는 브라우니를 소개합니다. 버터 대신 마론크림을 듬뿍 넣어 달콤함을 최고조로 끌어올렸어요. 따뜻한 커피나 우유와 잘 어울린답니다.

Ready {지름 21cm 원형틀 크기 1개}

박력분 130g, 황설탕 80g, 무가당 코코아가루 15g, 베이킹소다 2g, 소금 1g, 버터 120g, 달걀 150g, 다크초콜릿 150g, 마론크림 150g, 마론 조각 150g

분량 외 재료 틀에 바를 버터 약간, 틀에 뿌릴 박력분 약간

틀에 버터 바르기 원형틀에 버터를 바른 뒤 냉장해주세요. TIP 1

가루 재료 넣기 초코버터가 고루 섞이면 박력분, 베이킹소다, 코코아가루, 소금을 체에 내려 넣고 섞어주세요.

초코버터 만들기 다크초콜릿은 중탕한 뒤 부드러운 버터와 함께 볼에 넣고 섞어 초코버터를 만들어주세요.

마론 조각 넣기 가루가 안 보일 정도로 고루 섞이면 마론 조각을 넣고 섞어 반죽을 만들어주세요. TIP 2

달걀 간하기 다른 볼에 달걀과 황설탕을 볼에 넣고 섞어주세요.

틀에 박력분 입히기 냉장해둔 원형틀을 꺼내 박력분을 얇게 뿌린 뒤 거꾸로 들고 몇 번 쳐서 박력분을 털어내주세요.

마론크림 넣기 달걀 색이 뽀얗게 되면 마론크림을 넣고 섞어주세요.

굽기 원형틀에 반죽을 넣은 뒤 170℃로 예열한 오븐에 넣고 30~35분간 구워주세요.

초코버터 넣기 마론크림이 고루 섞이면 만들어둔 초코버터를 넣고 섞어주세요.

TIP 1 일반 원형틀을 사용할 경우에는 종이호일을 깔아 준비해주세요.

TIP 2 마론 조각이 없다면 찐 밤이나 맛밤을 넣고 만들어주세요. 찐 밤을 넣고 만들면 단맛을 줄일 수 있어 좋아요.

 180℃→150℃

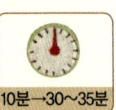 10분→30~35분

밀봉 카스테라

벌꿀을 넣어 달콤하게 만든 카스테라를 밀봉카스테라라고 해요. 어렸을 때 제과점에서 자주 사 먹던, 추억의 베이커리입니다. 꿀과 조청을 넣어 달콤할 뿐만 아니라 신문지와 테프론시트를 겹겹이 깔아 촉촉함을 그대로 살린 별미 케이크예요.

강력분 270g, 설탕 280g, 달걀 450g, 달걀노른자 75g, 우유 80㎖, 꿀 50g, 조청 50g, 맛술 30㎖

액체 재료 섞기 우유, 조청, 꿀을 데운 뒤 맛술과 함께 섞어주세요. TIP 1

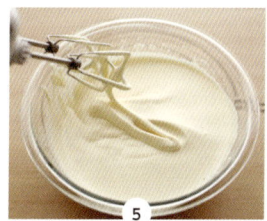

액체 재료 넣기 섞어둔 1을 넣고 거품을 떨어뜨렸을 때 지그재그로 떨어질 때까지 섞어주세요.

틀 준비해두기 오븐팬 위에 신문지와 테프론시트를 깐 뒤 밀봉카스테라틀을 올리고 틀에 유산지를 깔아주세요. TIP 2

강력분 넣기 강력분을 체에 내려 넣고 섞어 반죽을 만들어주세요.

달걀 간하기 달걀과 설탕을 볼에 넣고 섞어주세요.

굽기 준비해둔 틀에 반죽을 채우고 내려쳐 잔거품을 제거한 뒤 180℃로 예열한 오븐에 넣고 10분, 150℃로 온도를 내려 30~35분간 구워주세요. TIP 3

달걀 거품 내기 달걀 색이 뽀얗게 되면 중탕해가며 설탕이 녹을 정도로 섞어주세요. 달걀이 따뜻해지면 저어가며 거품을 풍성하게 올려주세요.

식히기 종이호일 위에 포도씨유를 바른 뒤 구워낸 카스테라를 뒤집어 올리고 식혀주세요. TIP 4

TIP 1 맛술은 달걀 비린내를 없애주는 역할을 해요. 조청은 단맛을 내기 위해 넣는 재료이기 때문에 물엿으로 대체해도 돼요.

TIP 2 카스테라는 반죽의 양이 많아 오랜 시간 굽기 때문에 밑면이 타기 쉬워요. 신문지와 테프론시트를 겹쳐 깔고 구워야 타지 않아요.

TIP 3 밀봉카스테라틀이 없을 때는 큰 원형이나 사각틀에 구워도 돼요. 단, 이 경우에는 시간을 조금 더 늘려서 구워주는 편이 좋아요.

TIP 4 한김 식힌 뒤에는 비닐이나 용기에 넣어 보관해주세요.

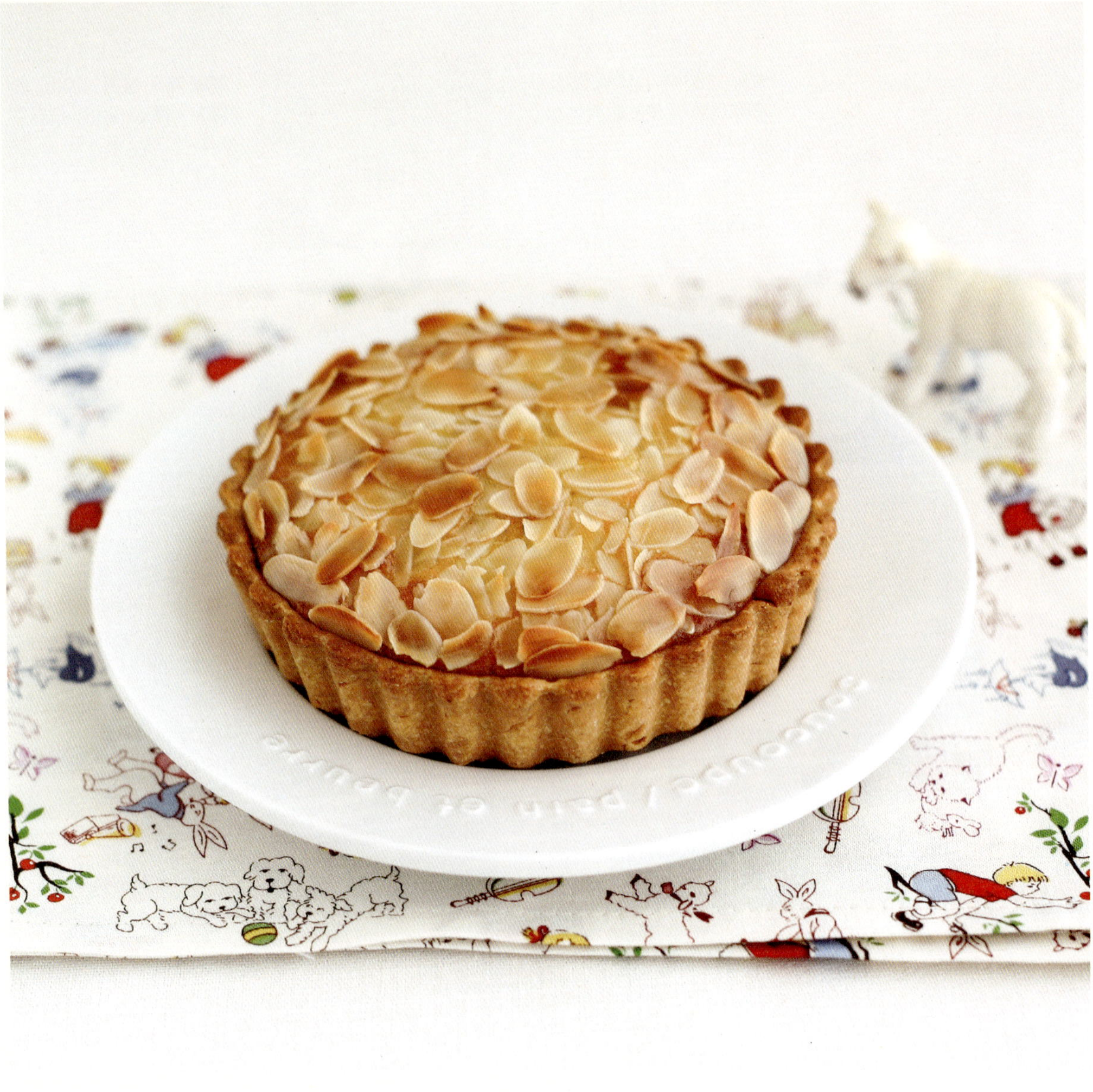

아몬드타르트

아몬드타르트는 토핑뿐만 아니라 반죽과 크림에도 아몬드를 넣어 한입만 먹어도 아몬드의 풍미가
풍부하게 느껴지는 별미랍니다. 만드는 과정은 복잡하지만, 타르트 반죽을 만들 때 분량을 넉넉히
해서 만들어두면, 다양한 타르트로 응용할 수 있어요.

Ready {지름 21cm 타르트틀 크기 1개}

박력분 110g, 아몬드가루 15g, 슈가파우더 20g, 소금 2g, 버터 60g, 달걀 25g, 바닐라설탕 약간

캐러멜아몬드 아몬드 70g, 설탕 20g, 버터 4g, 물 15㎖

아몬드크림 아몬드가루 75g, 설탕 70g, 옥수수전분 10g, 버터 75g, 달걀 75g, 럼주 7㎖

분량 외 재료 반죽에 바를 달걀물 약간, 아몬드크림 위에 뿌릴 아몬드슬라이스 적당량, 반죽을 밀 때 바닥에 뿌릴 덧가루 약간

가루 재료, 버터 섞기 박력분, 아몬드가루, 슈가파우더, 소금, 바닐라설탕을 체에 내려 볼에 넣고 차가운 버터를 넣은 뒤 스크래퍼로 잘라가며 섞어주세요.

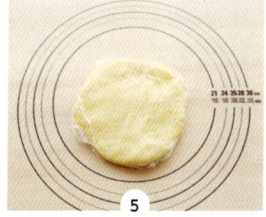

휴지시키기 반죽을 한 덩어리로 뭉쳐서 비닐에 넣은 뒤 1시간 정도 냉장해 휴지시켜 주세요.

비벼가며 섞기 버터 알갱이가 가루 재료와 고루 섞이도록 손으로 비벼가며 섞어주세요.

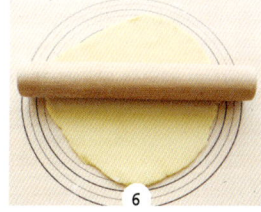

밀기 휴지시킨 반죽을 꺼내 2~3mm 두께로 얇게 밀어주세요. TIP 2

달걀 넣기 고슬고슬하게 되면 달걀을 풀어 넣고 스크래퍼로 자르듯이 섞어 반죽을 만들어주세요.

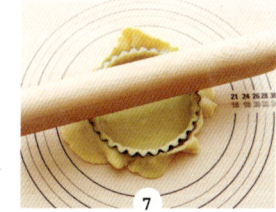

남는 반죽 정리하기 얇게 밀어준 반죽을 타르트틀에 밀착시켜주세요. 틀 밖으로 나오는 반죽은 깔끔하게 잘라주세요. TIP 3

손바닥으로 으깨기 반죽이 덩어리지기 시작하면 재빨리 두세 번 정도 손바닥으로 으깨 뭉쳐주세요. TIP 1

틀에 밀착시키기 다시 한 번 꼼꼼하게 타르트틀에 반죽을 밀착시켜주세요. TIP 4

9 ~ 23

TIP 1 너무 많이 으깨 뭉치면 글루텐이 생겨 딱딱해지고 갈라질 수 있으니 주의해주세요.

TIP 2 반죽을 밀 때에는 사방으로 돌려가며 고르고 일정한 힘으로 밀어주세요.

TIP 3 남는 타르트 반죽은 버리지 말고 쿠키틀로 찍어 구워내면 쿠키로 즐길 수 있어요.

TIP 4 지름 12cm 미니타르트틀을 이용할 경우 2개로 만들 수 있어요.

구멍 내서 냉장하기 타르트틀에 밀착한 반죽에 포크로 공기구멍을 낸 뒤 10분간 냉장해주세요.

캐러멜아몬드 끓이기 캐러멜아몬드 재료의 설탕, 물을 냄비에 넣고 강불로 끓이다가 끓기 시작하면 아몬드를 넣고 중불로 줄여 섞어주세요.

누름돌로 눌러 굽기 냉장해둔 타르트틀을 꺼내 유산지를 깔고 누름돌을 얹은 뒤 170℃로 예열한 오븐에 넣고 15~20분간 구워주세요. **TIP 5**

사블레화시키기 아몬드의 겉면이 하얗게 사블레화된 뒤 아몬드의 겉면에 묻은 설탕이 녹아 캐러멜색으로 변하고 끈적한 물기가 생길 때까지 계속 저어주세요.

달걀물 발라 굽기 유산지와 누름돌을 빼고 다시 오븐에 넣어 5~10분간 더 구운 뒤 달걀물을 얇게 발라주세요. **TIP 6**

캐러멜아몬드 만들기 불에서 내린 뒤 캐러멜아몬드 재료의 버터를 넣고 섞어 캐러멜아몬드를 만들어주세요.

다시 구워 식히기 달걀을 바른 타르트를 다시 오븐에 넣고 3~5분간 더 구운 뒤 틀째 식혀주세요. **TIP 7**

캐러멜아몬드 다지기 종이호일 위에 캐러멜아몬드를 올려 식힌 뒤 굵게 다져주세요.

TIP 5 13cm 이하의 타르트틀에 만들 경우에는 누름돌을 올리지 않아도 되지만, 15cm 이상의 타르트틀에 만들 경우에는 반죽이 부풀러 오르다가 찢어질 수도 있어요. 누름돌을 올려두면 반죽이 찢어지는 것을 방지할 수 있답니다.

TIP 6 달걀을 바르면 타르트 반죽이 눅눅해지지 않아 좋아요.

TIP 7 타르트를 미리 구워내면 바삭해져서 좋아요. 미리 굽는 과정이 번거롭다면 10~12번 과정을 생략하고 아몬드크림과 캐러멜아몬드를 넣어 바로 구워도 큰 문제는 없어요.

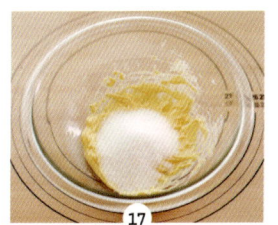

버터 크림화 아몬드크림 재료의 부드러운 버터를 볼에 넣고 저어 풀어준 뒤 설탕을 넣고 섞어주세요.

17

짤주머니에 넣기 아몬드크림을 짤주머니에 넣어주세요.

21

달걀 넣기 버터 색이 뽀얗게 되면 **아몬드크림** 재료의 달걀을 풀어 조금씩 넣어가며 섞어주세요.

18

타르트 채우기 구워 식힌 타르트에 아몬드크림을 짜서 얇게 깐 뒤 굵게 다진 캐러멜 아몬드를 뿌려주세요.

22

럼주 넣기 버터와 달걀이 고루 섞이면 **아몬드크림** 재료의 럼주를 넣고 섞어주세요. **TIP 8**

19

굽기 캐러멜아몬드 위에 아몬드크림을 짜서 가득 채우고 아몬드슬라이스를 고루 뿌린 뒤 170℃로 예열한 오븐에 넣고 30분간 구워주세요.

23

아몬드크림 만들기 럼주가 고루 섞이면 **아몬드크림** 재료의 아몬드가루, 옥수수전분을 체에 내려 넣고 섞어 아몬드크림을 만들어주세요. **TIP 9**

20

TIP 8 럼주가 없다면 다른 리큐르로 대체하거나 생략해도 돼요.
TIP 9 옥수수전분이 없다면 박력분으로 대체해서 사용해도 돼요.

Tarte

170℃

35~40분

단호박타르트

단호박은 특유의 단맛과 포만감 때문에 남녀노소 모두 좋아하는 식재료예요. 미리 만들어둔 타르트와 푹 쪄낸 단호박 한 개만 있으면 충분히 맛있는 단호박타르트를 만들 수 있으니 한번 도전해보세요.

타르트 1개, 아몬드가루 50g, 설탕 40g, 옥수수전분 5g, 버터 50g, 달걀 50g, 꿀 15g, 럼주 5㎖,
단호박 페이스트 100g, 단호박 1/4개(100g)

단호박 준비하기 단호박은 껍질째 깍둑썰어 전자레인지에 넣고 30초간 가열해 살짝만 익힌 뒤 꿀을 섞어주세요.

가루 재료 넣기 단호박 페이스트가 고루 섞이면 아몬드가루, 옥수수전분을 체에 내려 넣고 섞어 단호박크림을 만들어주세요.

버터 크림화 부드러운 버터를 볼에 넣고 저어 풀어준 뒤 설탕을 넣고 섞어주세요.

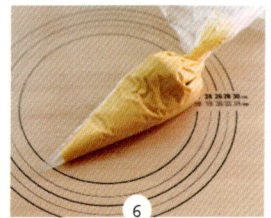

짤주머니에 넣기 단호박크림을 짤주머니에 넣어주세요.

달걀, 럼주 넣기 버터 색이 뽀얗게 되면 달걀을 풀어 조금씩 나눠 넣어가며 섞은 뒤 럼주를 넣고 섞어주세요.

굽기 타르트에 단호박크림을 가득 채우고 꿀을 섞은 단호박을 윗면에 뿌린 뒤 170℃로 예열한 오븐에 넣어 35~40분간 구워주세요. TIP 2

단호박 페이스트 넣기 달걀과 럼주가 고루 섞이면 단호박 페이스트를 넣고 섞어주세요.
TIP 1

TIP 1 단호박 페이스트는 사용할 분량보다 약간 더 많은 양의 단호박을 계량해 전자레인지나 찜통에 넣고 익혀 노란 속만 긁어낸 뒤 핸드블렌더로 곱게 갈아 페이스트 상태로 만들어 사용해주세요.

TIP 2 200쪽의 아몬드타르트 1~12번 과정을 참고해 타르트를 만들어 준비해주세요. 지름 12cm 미니타르트틀을 이용할 경우 2개를 만들 수 있어요.

 170℃ 30~40분

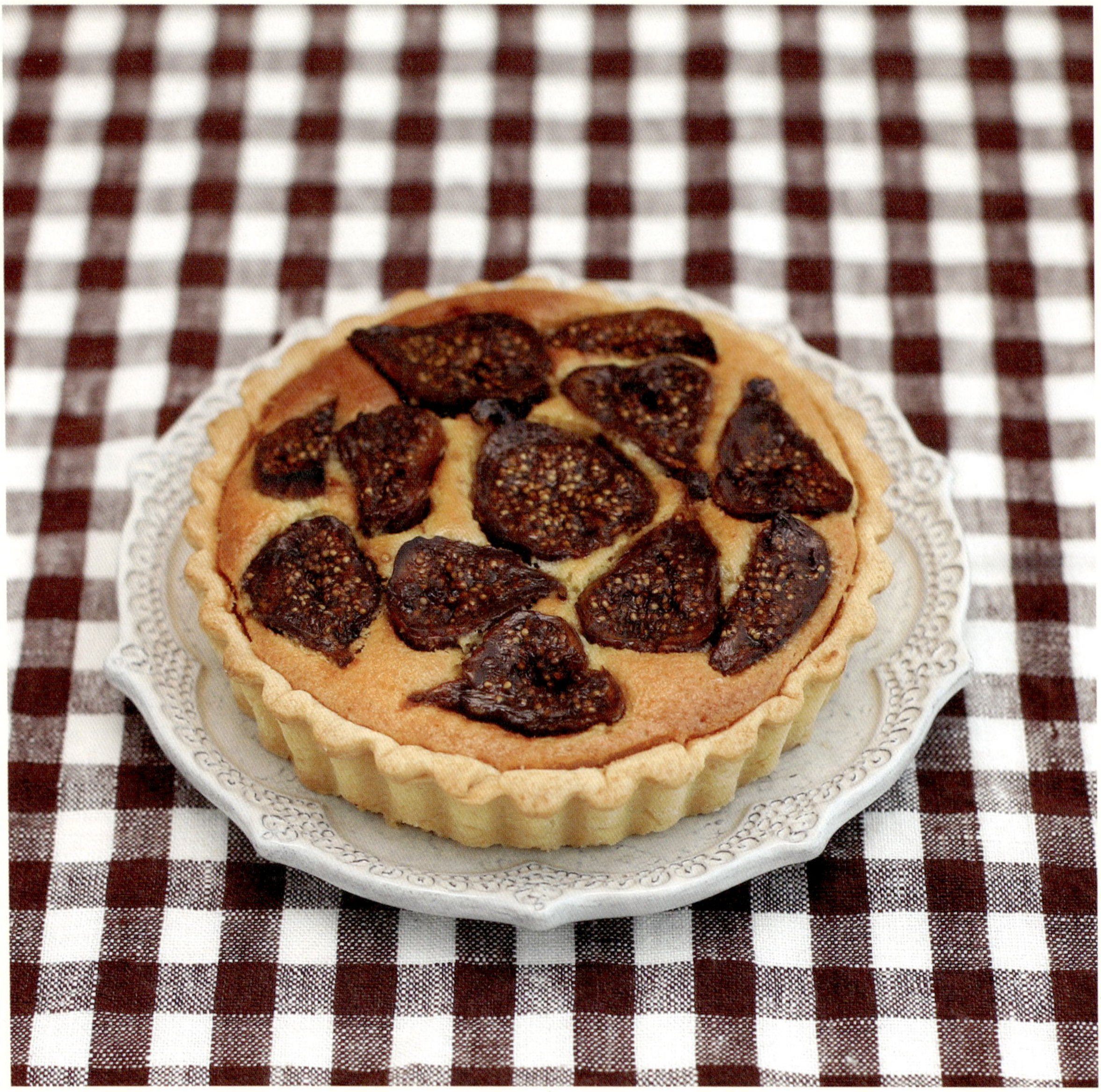

무화과타르트

무화과는 그냥 먹는 것도 맛있지만 럼주에 오랫동안 절여 타르트 토핑으로 사용하면 윤기도 나고
향도 아주 좋아요. 무화과를 미리 절여두면 베이킹 토핑으로도 사용할 수 있고, 각종 빵을 먹을 때
곁들여 먹을 수 있어서 좋답니다.

타르트 1개, 아몬드가루 60g, 설탕 60g, 옥수수전분 6g, 버터 60g, 달걀 60g, 럼주 5㎖,
럼주에 절인 무화과 100~150g

절인 무화과 썰기 럼주에 절인 무화과는 체에 밭쳐 물기를 뺀 뒤 단면이 보이도록 반으로 썰어주세요. TIP 1

가루 재료 넣기 럼주가 고루 섞이면 아몬드가루, 옥수수전분을 체에 내려 넣고 섞어 아몬드크림을 만들어주세요.

버터 크림화 부드러운 버터를 볼에 넣고 저어 풀어준 뒤 설탕을 넣고 섞어주세요.

굽기 아몬드크림을 타르트 위에 적당히 채우고 반으로 썬 무화과를 촘촘히 올린 뒤 170℃로 예열한 오븐에 넣어 30~40분간 구워주세요. TIP 2

달걀, 럼주 넣기 버터 색이 뽀얗게 되면 달걀을 풀어 조금씩 나눠 넣어가며 섞은 뒤 럼주를 넣고 섞어주세요.

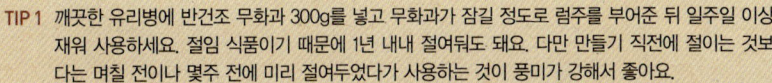

TIP 1 깨끗한 유리병에 반건조 무화과 300g를 넣고 무화과가 잠길 정도로 럼주를 부어준 뒤 일주일 이상 재워 사용하세요. 절임 식품이기 때문에 1년 내내 절여둬도 돼요. 다만 만들기 직전에 절이는 것보다는 며칠 전이나 몇주 전에 미리 절여두었다가 사용하는 것이 풍미가 강해서 좋아요.

TIP 2 200쪽의 아몬드타르트 1~12번 과정을 참고해 타르트를 만들어 준비해주세요. 지름 12cm 미니타르트틀을 이용할 경우 2개로 만들 수 있어요. 나파주나 살구잼을 동량의 물과 섞어 살짝 끓인 뒤 구워낸 타르트의 윗면에 발라주면 윤기도 나고 보관하기에도 좋아요.

 180℃  20~30분

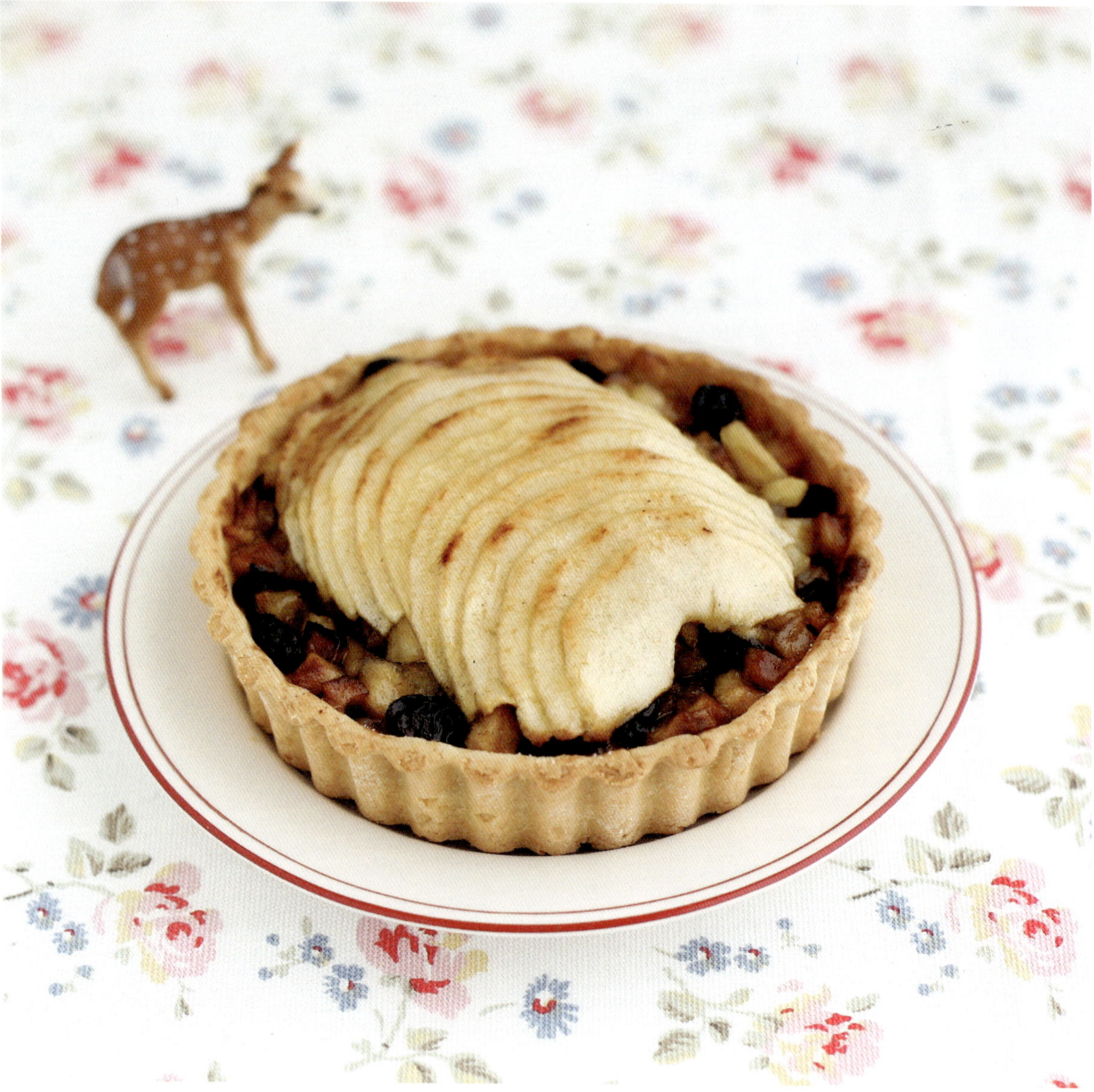

사과타르트

새콤달콤한 맛 때문에 타르트와 더욱 잘 어울리는 사과. 만들어둔 타르트와 사과만 있다면 아주
간단하게 만들 수 있어요. 재료를 한번 익힌 뒤 굽기 때문에 굽는 시간도 짧답니다.

타르트 1개, 황설탕 40g, 건포도 30g, 시나몬파우더 1/2ts, 레몬즙 약간, 사과 3개(400g)
분량 외 재료 슬라이스할 사과 2개(250g), 설탕 약간

사과조림 만들기 사과를 깍둑 썬 뒤 레몬즙과 함께 냄비에 넣고 저어가며 중불로 조리 다가 자박해지면 시나몬파우 더와 건포도를 넣고 섞어 사 과조림을 만들어 식혀주세요.

타르트 채우기 타르트 안에 식혀둔 사과조림을 가득 채 워주세요. TIP 1

사과 썰기 사과는 껍질과 씨 를 제거한 뒤 모양을 살려 얇 게 슬라이스해주세요.

굽기 얇게 슬라이스한 사과 를 사과조림 위에 올리고 설 탕을 뿌린 뒤 180℃로 예열 한 오븐에 넣고 20~30분간 구워주세요. TIP 2

TIP 1 200쪽의 아몬드타르트 1~12번 과정을 참고해 타르트를 만들어 준비해주세요. 지름 12cm 미니타 르트틀을 이용할 경우 2개로 만들 수 있어요.

TIP 2 나파주나 살구잼을 동량의 물과 섞어 살짝 끓인 뒤 구워낸 타르트의 윗면에 발라주면 윤기도 나고 보관하기에도 좋아요.

Tarte

170℃

30~35분

캐러멜크림치즈타르트

달콤한 캐러멜크림으로 만드는 치즈타르트예요. 캐러멜크림은 한번 만들어두면 치즈타르트나 파운드케이크, 머핀 등 여러 가지 빵을 만들 때 응용할 수 있어요. 생크림이 남았다면 캐러멜크림으로 만들어 사용해보세요.

Ready {지름 21cm 타르트틀 크기 1개}

타르트 1개, 옥수수전분 15g, 달걀 50g, 크림치즈 200g, 사워크림 80g, 설탕 30g, 생크림 30㎖

캐러멜크림 설탕 150g, 생크림 150㎖, 물 15㎖, 바닐라빈(씨 부분) 1/2개

생크림 데우기 캐러멜크림 재료의 생크림과 바닐라빈을 냄비에 넣고 끓어오르기 직전까지 중불로 데워주세요.

사워크림 넣기 크림치즈와 설탕이 매끄럽게 섞이면 사워크림을 넣고 섞어주세요. TIP 2

설탕 끓이기 다른 냄비에 **캐러멜크림** 재료의 설탕과 물을 냄비에 넣고 설탕이 녹아 맑은 갈색이 될 때까지 끓여주세요.

달걀 넣기 사워크림이 고루 섞이면 달걀을 풀어 넣어가며 섞어주세요.

캐러멜크림 만들기 데워둔 1을 2에 조금씩 넣어가며 섞다가 불을 끄고 완전히 섞일 때까지 저어 캐러멜크림을 만든 뒤 식혀주세요. TIP 1

반죽 만들기 달걀이 고루 섞이면 식힌 캐러멜크림을 넣고 섞은 뒤 옥수수전분을 체에 내려 넣고 섞고 생크림도 넣고 섞어 반죽을 만들어주세요.

크림치즈 크림화 부드러운 크림치즈를 볼에 넣고 저어 풀어준 뒤 설탕을 넣고 고루 섞어주세요.

굽기 타르트에 반죽을 가득 채운 뒤 170℃로 예열한 오븐에 넣고 30~35분간 구워주세요. TIP 3

TIP 1 캐러멜크림 분량이 넉넉하니 소독한 유리병에 넣어 냉장 보관했다가 사용하세요.

TIP 2 사워크림이 없을 때는 종이로 된 커피필터나 키친타올을 체 위에 올려놓고 그 안쪽에 무가당 플레인요구르트를 넣어두면 물기가 빠지면서 사워크림 대용으로 사용할 수 있답니다.

TIP 3 200쪽의 아몬드타르트 1~12번 과정을 참고해 타르트를 만들어 준비해주세요. 지름 12cm 미니타르트틀을 이용할 경우 2개로 만들 수 있어요.

한입에 쏙 넣어 먹는 초콜릿과 양갱부터 손쉽게 드르륵 갈아 만드는 프라푸치노와 슬러시, 한여름 더위를 날려줄 셔벗과 라테, 한 번 만들어 두고두고 먹게 되는 쨈까지! 슬픈하품만의 특별한 1퍼센트가 숨어 있는 디저트를 소개합니다. 커버추어초콜릿은 온도에 민감한 재료이기 때문에 조심해서 다뤄야 하는데 템퍼링을 제대로 하는 비법만 알면 얼마든지 다양한 초콜릿을 만들 수 있어요. 비싼 돈을 내고 사 먹는 프라푸치노는 들어가는 재료만 알면 집에서도 간단하게 만들 수 있으니 알뜰하게 즐겨보세요. 과일 하나만을 재료로 해서 만드는 일반적인 쨈이 아닌 단호박과 오렌지, 레몬과 살구 등 특별하고 색다른 조합의 쨈을 소개해 우리 집에 단 하나밖에 없는 나만의 쨈을 만들 수 있을 거예요. 그냥 먹어도 맛있고 빵에 곁들여 먹으면 더욱 맛있는 디저트, 지금부터 시작합니다!

Part 5

보통날의 행복
디저트

Dessert

180℃

10분

빵푸딩

구입하거나 만들어둔 식빵을 그냥 먹기 지겨울 때, 빵푸딩을 만들어보세요. 일반적인 푸딩과 다르
게 차갑게 먹는 것도 맛있고 따뜻하게 먹어도 맛있답니다. 20분 만에 후다닥 만들 수 있는 초간단
스피드 디저트, 빵푸딩을 소개합니다.

식빵 2장, 설탕 20g, 바닐라가루(또는 바닐라설탕) 약간, 달걀 50g, 우유 130㎖, 슈가파우더 약간, 건포도 적당량

식빵 썰기 식빵은 작고 네모지게 썰어 준비해주세요.

달걀 간하기 달걀, 설탕, 바닐라가루를 볼에 넣고 섞어주세요.

우유 넣기 재료가 고루 섞이면 우유를 넣고 섞어 달걀물을 만들어주세요. TIP 1

식빵 적시기 달걀물이 담긴 볼에 썰어둔 식빵을 넣고 적신 뒤 오븐용기에 담아주세요. TIP 2

굽기 식빵이 담긴 오븐용기에 남은 달걀물을 넣고 건포도를 뿌린 뒤 180℃로 예열한 오븐에 넣어 10분간 구워내 슈가파우더를 뿌려주세요.

TIP 1 달걀물에 시나몬파우더를 조금 뿌려 만들면 좋아요.
TIP 2 건포도뿐만 아니라 견과류를 잘게 부숴 넣고 구워도 맛있어요.

Dessert

사과토스트

일반적인 토스트가 지겹다면 사과토스트를 만들어 먹어보세요. 간단한 재료에 비해 질리지 않는
맛이어서 자주 만들어 먹는 디저트예요. 사과조림을 얹어 만든 사과토스트로 우리 집 부엌을 근사
한 카페로 만들어보세요.

식빵 2장, 설탕 15g, 버터 15g, 레몬즙 5㎖, 시나몬파우더 약간, 사과 1개(150g), 건포도 · 해바라기씨 적당량씩
분량 외 재료 식빵에 바를 부드러운 버터 약간

사과 슬라이스하기 사과는 4등분하고 씨를 제거한 뒤 껍질째 모양을 살려 얇게 슬라이스해주세요.

사과 버무리기 슬라이스한 사과와 설탕, 버터, 레몬즙을 냄비에 넣고 버무려주세요.

사과 볶기 버무린 재료가 담긴 냄비를 사과가 살짝 익을 때까지 중불로 10분간 볶아주세요.

시나몬파우더 넣기 사과가 살짝 익으면 불에서 내린 뒤 시나몬파우더를 넣고 버무려 사과조림을 만들어주세요.

식빵 굽기 식빵에 버터를 바른 뒤 토스터기에 넣고 5~10분간 구워주세요. TIP

토핑 뿌리기 구운 식빵에 사과조림과 건포도, 해바라기씨를 뿌려주세요.

TIP 토스터가 없는 경우 프라이팬에 5분간 중불로 구워주세요.

캐러멜바나나크럼블

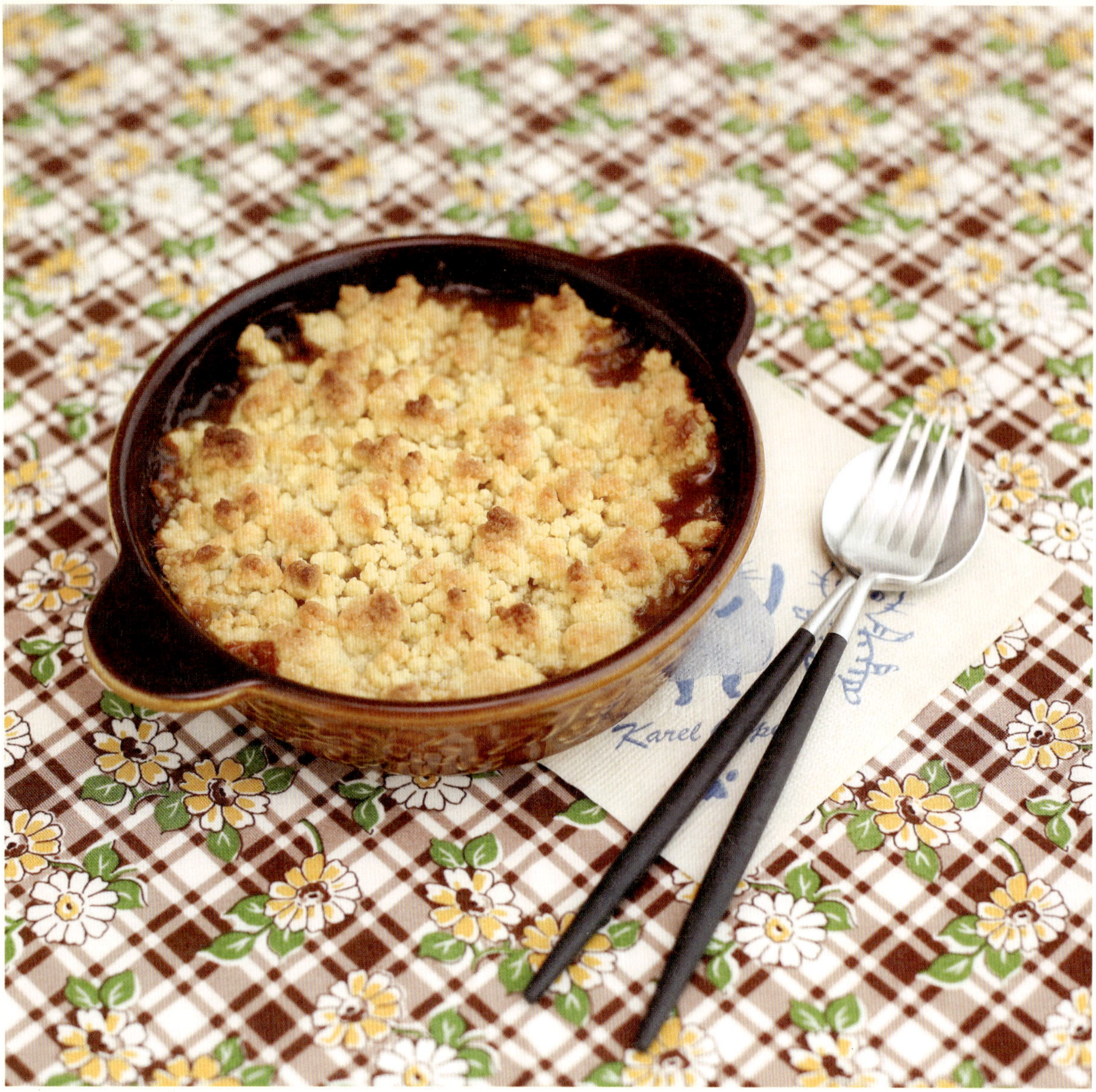

달콤한 캐러멜맛 바나나조림을 바삭바삭 크럼블과 함께 먹는 디저트입니다. 진한 커피를 마실 때
함께 곁들이면 좋아요.

Ready {지름 15cm 오븐용기 크기 1개}

박력분 40g, 아몬드가루 40g, 황설탕 30g, 버터 40g, 바나나 2개(200g)

캐러멜 설탕 15g, 버터 15g, 물 15㎖

가루 재료, 버터 섞기 박력분, 아몬드가루, 황설탕을 체에 내려 볼에 넣고 부드러운 버터를 넣어주세요.

바나나 조리기 캐러멜이 담긴 냄비에 바나나를 1cm 두께로 썰어 넣고 살짝 조려주세요.

크럼블 만들기 보슬보슬한 소보로처럼 손으로 비벼가며 섞어 크럼블을 만든 뒤 냉장해주세요.

바나나 식히기 조린 바나나를 오븐용기에 넣고 한김 식혀주세요. TIP

캐러멜 만들기 캐러멜 재료의 설탕, 물을 냄비에 넣고 중불로 끓이다가 갈색으로 변하면 버터를 넣고 섞어 캐러멜을 만들어주세요.

굽기 냉장해둔 크럼블을 꺼내서 한김 식힌 조린 바나나 위에 뿌린 뒤 180℃로 예열한 오븐에 넣고 20~25분간 구워주세요.

TIP 캐러멜에 바나나를 조려 넣어도 맛있지만 140쪽을 참고해서 사과조림을 만들어 바나나 대신 넣고 크럼블을 올려 구워내도 맛있어요.

Dessert

얼그레이파베초콜릿

보통 '생초콜릿'이라고 부르는 파베초콜릿은 입안에 넣었을 때 사르르 녹도록 부드럽고 달콤하게
만드는 것이 포인트예요. 얼그레이를 듬뿍 넣고 만들어 쌉쌀하고 향긋한 향이 일품인 얼그레이파
베초콜릿은 모양이 예뻐 선물하기에도 아주 좋아요.

다크초콜릿 300g, 생크림 180㎖, 얼그레이 12g, 버터 20g, 꿀 20g, 무가당 코코아가루 적당량

다크초콜릿 중탕하기 다크초콜릿을 볼에 넣고 뜨거운 물을 넣은 볼을 아래 받쳐 저어가며 중탕해주세요.

버터 넣기 얼그레이를 우려낸 생크림과 다크초콜릿이 고루 섞이면 부드러운 버터를 넣고 섞어 초콜릿을 만들어주세요.

생크림, 얼그레이 끓이기 생크림과 얼그레이를 냄비에 넣고 중불로 끓이다가 한소끔 끓어오르면 불에서 내린 뒤 뚜껑을 덮어 5분간 우려주세요.

굳히기 사각 용기에 종이호일이나 랩을 깔고 초콜릿을 평평하게 채워 넣은 뒤 2시간 정도 냉장해 굳혀주세요.

꿀 넣고 끓이기 얼그레이가 우러나면 얼그레이를 체에 걸러내고 130㎖만 계량한 뒤 꿀과 함께 냄비에 넣고 따뜻하게 데워주세요.

깍둑썰기 단단하게 굳힌 초콜릿을 꺼낸 뒤 사방 2~3cm 크기로 깍둑썰어주세요. TIP

다크초콜릿과 섞기 따뜻하게 데워지면 중탕한 다크초콜릿에 넣고 섞어주세요.

무가당 코코아가루 묻히기 깍둑썬 초콜릿에 무가당 코코아가루를 묻혀주세요.

TIP 굳힌 초콜릿을 꺼낸 뒤 바로 썰면 너무 단단해서 부서질 수 있으니, 실온에 잠시 두었다가 썰어주세요.

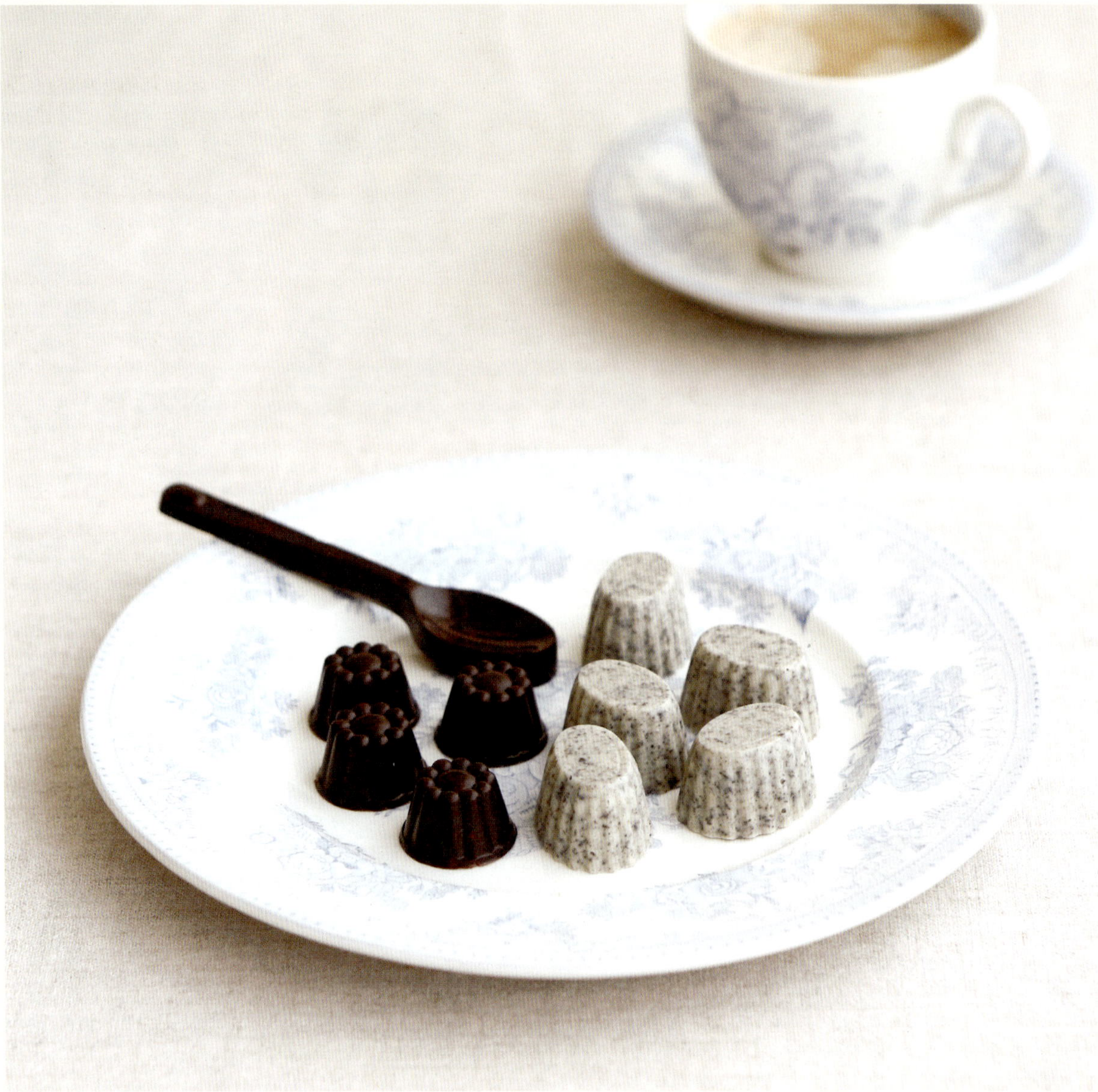

오레오초콜릿, 크로칸트초콜릿

시판 쿠키를 이용하면 다양한 식감과 맛을 낼 수 있어 좋아요. 오레오초콜릿은 오레오 특유의 쌉
쌀하고 달콤한 맛이 화이트초콜릿과 잘 어우러져 참 맛있답니다. 크로칸트초콜릿은 쌀크로칸트를
넣어 고소하고 바삭한 맛을 살렸어요.

Ready {각각 지름 4cm 크기 25~30개씩}
오레오초콜릿 화이트초콜릿 300g, 오레오 40g
크로칸트초콜릿 다크초콜릿 300g, 쌀크로칸트 60g

오레오 준비하기 오레오는 크림을 모두 제거한 뒤 잘게 부숴주세요.

오레오 넣기 부숴둔 오레오를 템퍼링한 화이트초콜릿에 넣고 섞어 오레오초콜릿을 만들어주세요.

화이트초콜릿 템퍼링하기1 화이트초콜릿을 볼에 넣고 따뜻한 물을 볼 아래에 받쳐 천천히 저어가며 온도를 35~40℃로 올려주세요. TIP 1

오레오초콜릿 굳히기 오레오초콜릿을 몰드에 채우고 윗면을 평평하게 한 뒤 시원한 곳에서 굳혀주세요. TIP 2

화이트초콜릿 템퍼링하기2 온도가 올라가면 찬물을 볼 아래에 받쳐 천천히 저어가며 온도를 25~26℃로 내려주세요.

다크초콜릿 템퍼링하기 '화이트초콜릿 템퍼링하기'를 참조해 다크초콜릿을 템퍼링한 뒤 쌀크로칸트를 넣고 섞어 크로칸트초콜릿을 만들어주세요. TIP 3

화이트초콜릿 템퍼링하기3 온도가 내려가면 따뜻한 물을 볼 아래에 받쳐 천천히 저어가며 온도를 28℃로 올려주세요.

크로칸트초콜릿 굳히기 크로칸트초콜릿을 몰드에 채우고 윗면을 평평하게 한 뒤 시원한 곳에서 굳혀주세요. TIP 4

TIP 1 템퍼링을 할 때는 절대 물이 들어가지 않도록 조심해야 해요. 물이 들어가게 되면 하얀 얼룩이 생기고 윤기가 사라져요. 천천히 저어주어야 바닥부터 윗면까지 초콜릿이 골고루 섞이면서 템퍼링이 잘돼요.

TIP 2 템퍼링한 초콜릿은 시원한 곳에서 굳혀주세요. 냉장고에서 굳히게 되면 습기가 생겨서 초콜릿에 얼룩이 생기거든요. 겨울철에는 시원한 베란다에서, 여름철에는 에어컨을 켜둔 그늘진 실내에서 굳혀주세요.

TIP 3 다크초콜릿을 템퍼링할 때는 45~50℃로 온도를 올리고 27℃로 온도를 내리고 다시 31~32℃로 온도를 올려 사용하세요.

TIP 4 몰드가 없는 경우에는 사각용기에 채워 굳힌 뒤 깍둑썰어도 돼요.

Dessert

민트초콜릿

민트향 가나슈에 다크초콜릿과 슈가파우더를 입혀서 만든 초간단 발렌타인데이 초콜릿이랍니다.
민트리큐르와 같이 특유의 향이 나는 다른 리큐르로 다양하게 응용해 만들어보세요.

다크초콜릿 200g, 생크림 95㎖, 물엿 30g, 민트리큐르 20㎖, 슈가파우더 적당량
분량 외 재료 템퍼링할 다크초콜릿 150~200g

가나슈 만들기 생크림은 거품이 일어나기 직전까지만 데워주세요. 다크초콜릿은 따뜻한 물로 중탕한 뒤 데운 생크림을 넣고 섞어 가나슈를 만들어주세요.

다크초콜릿 템퍼링하기2 온도가 올라가면 찬물을 볼 아래 받쳐 천천히 저어가며 온도를 27℃로 내려주세요.

물엿, 민트리큐르 넣기 가나슈에 물엿과 민트리큐르를 넣고 섞은 뒤 찬물을 볼 아래에 받쳐 천천히 저어가며 무스크림 정도의 농도가 될 때까지 온도를 내려주세요.

다크초콜릿 템퍼링하기3 온도가 내려가면 따뜻한 물을 볼 아래에 받쳐 천천히 저어가며 온도를 30℃로 올려주세요.

굳히기 원형 깍지를 끼운 짤주머니에 가나슈를 넣고 종이호일이나 테프론시트 위에 길게 짠 뒤 시원한 곳에서 굳혀주세요.

다크초콜릿, 슈가파우더 묻히기 굳혀둔 가나슈를 4cm 길이로 썰어 템퍼링한 다크초콜릿을 전체적으로 묻힌 뒤 슈가파우더를 전체적으로 묻혀 잠깐 굳혀주세요.

다크초콜릿 템퍼링하기1 다크초콜릿을 볼에 넣고 따뜻한 물을 볼 아래 받쳐 천천히 저어가며 온도를 45~50℃로 올려주세요. TIP

슈가파우더 털어내기 굳힌 가나슈를 체에 넣고 흔들어서 슈가파우더를 털어주세요.

TIP 다크초콜릿을 템퍼링해서 사용하지 않는 경우 잘 굳지 않아요.

단호박양갱

양갱은 팥앙금과 설탕을 사용하여 만드는 게 일반적이지만, 단호박양갱은 단호박 특유의 단맛을
이용해 적은 양의 설탕만 넣고 만들어 훨씬 더 건강에 좋아요. 색이 곱고 만드는 방법도 매우 간단
하기 때문에 꼭 한번 도전해볼 만한 디저트랍니다.

단호박 페이스트 200g, 설탕 50g, 한천가루 5g, 소금 약간, 물 140㎖

한천물 만들기 냄비에 물과 한천가루를 넣고 5분간 불려 한천물을 만들어주세요.

단호박 페이스트 넣기 단호박 페이스트를 넣고 저어가면서 10분간 끓여주세요. TIP 1

한천물 끓이기 한천물이 담긴 냄비를 저어가면서 3~4분간 중불로 끓여주세요.

굳히기 단호박 페이스트가 고루 섞이면 몰드에 채워 넣고 2시간 정도 냉장해 굳혀주세요. TIP 2

설탕, 소금 넣기 설탕과 소금을 넣고 저어가면서 5분간 끓여주세요.

TIP 1 단호박 페이스트는 사용할 분량보다 약간 더 많은 양의 단호박을 계량해 전자레인지나 찜통에 넣고 익혀 노란 속만 긁어낸 뒤 핸드블렌더로 곱게 갈아 페이스트 상태로 만들어 사용해주세요.

TIP 2 플라스틱이나 실리콘 소재의 몰드를 사용하면 굳힌 양갱을 분리하기 쉬워요.

Dessert

밀크티젤리

차로만 즐기던 밀크티를 젤리로 만들어보세요. 밀크티 잔에 만든 뒤 차갑게 보관해 손님들에게 디저트로 내놓으면 색다른 밀크티를 즐길 수 있을 거예요. 평소 밀크티를 좋아하는 제가 즐겨 먹는 디저트, 밀크티젤리를 소개합니다.

판젤라틴 7g, 설탕 25g, 얼그레이 5g, 물 200㎖, 우유 200㎖

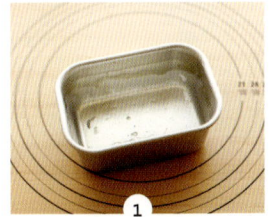

판젤라틴 불리기 판젤라틴을 찬물에 넣고 5분 이상 불려 주세요.

홍차 만들기 물과 얼그레이를 냄비에 넣고 중불로 끓이다가 한소끔 끓어오르면 불에서 내린 뒤 뚜껑을 덮어 5분간 우려 홍차를 만들어주세요. TIP 1

밀크티 만들기 홍차에 우유를 넣어 따뜻할 정도로만 중불로 데운 뒤 설탕을 넣고 섞어 밀크티를 만들어주세요. TIP 2

불린 판젤라틴 넣기 불려둔 판젤라틴을 건져 물기를 짜낸 뒤 따뜻한 밀크티에 넣고 섞어주세요.

얼그레이 걸러 식히기 판젤라틴이 녹으면 얼그레이를 체에 걸러낸 뒤 완전히 식혀주세요.

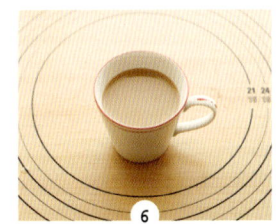

굳히기 컵에 완전히 식힌 밀크티를 넣은 뒤 2시간 이상 냉장해 굳혀주세요.

TIP 1 얼그레이가 없는 경우 다른 향의 홍차로 대체해서 사용해도 좋아요. 티백을 사용할 경우 2개 반을 우려서 사용하면 됩니다.

TIP 2 단맛을 좋아하지 않는 경우 설탕의 양을 조절해 넣어주세요.

바나나모카프라푸치노, 말차프라푸치노

바나나를 넣어 든든하면서도 향이 매력적인 바나나모카프라푸치노와 말차를 넣어 산뜻하고 쌉싸름한 맛이 특징인 말차프라푸치노예요. 카페에서 사 먹던 프라푸치노를 집에서도 간단하게 만들어 먹을 수 있어요. 쉐이크를 만들 듯 모든 재료를 블렌더에 넣고 갈기만 하면 완성됩니다.

바나나모카프라푸치노 바나나 1개(100g), 얼음 1컵, 우유 100㎖, 에스프레소 더블샷 50㎖, 메이플시럽 15g

말차프라푸치노 말차가루(또는 녹차가루) 3g, 얼음 1컵, 우유 300㎖, 연유 25g

갈기 블렌더에 모든 재료를 넣고 곱게 갈아주세요.

담기 얼음과 재료들이 골고루 섞여 갈아지면 컵에 담아주세요.

TIP 바나나를 먹다가 남는 경우 바나나 알맹이만 밀봉해서 냉동해두세요. 여름철에 바나나 모카프라푸치노나 스무디를 만들 때 갈아 넣으면 알뜰하게 사용할 수 있어요.

망고요구르트슬러시

인도 요리 전문점이나 뷔페에서 맛볼 수 있는 망고라씨를 변형해 만들어봤어요. 요구르트를 넣어
소화도 잘되고 많이 달지도 않아서 여름철 건강 음료로 그만이랍니다.

냉동 망고 200g, 마시는 플레인요구르트 150㎖, 우유 50㎖, 꿀 15~20g, 얼음 1컵

갈기 블렌더에 모든 재료를 넣고 곱게 갈아주세요.

담기 걸쭉하게 갈아지면 컵에 담아주세요.

TIP 얼음을 넣어 갈아줘야 하기 때문에 블렌더를 갈았다가 멈췄다가를 반복하면서 돌려 줘야 잘 돌아갑니다. 푸드프로세서나 분쇄기에 갈아도 되어요.

Dessert

아이스라테

아메리카노보다 든든하고 부드러운 라테는 카페에 가면 꼭 찾게 되는 음료 중 하나예요. 하지만
자주 사 먹게 되면 가격이 만만치 않죠. 집에서 간단하게 라테를 만들어 먹어보세요. 저렴하면서
도 쉽게 여유로움을 찾을 수 있답니다.

우유 100㎖, 에스프레소 더블샷 50㎖, 얼음 1컵, 메이플시럽(또는 시럽) 적당량

얼음, 우유 넣기 컵에 얼음과 우유를 넣어주세요. TIP

에스프레소 넣기 얼음과 우유가 담긴 컵에 에스프레소 더블샷을 넣고 섞어주세요.

메이플시럽 넣기 메이플시럽을 취향에 따라 넣고 섞어주세요.

TIP 아이스라테를 만들 때는 우유를 먼저 넣어야 윗면으로 에스프레소 층이 생겨 보기에 좋아요. 에스프레소를 먼저 넣으면 얼음이 녹아버리고 우유와 섞어버려 층이 생기지 않아요.

단호박오렌지쨈

단호박과 오렌지는 왠지 안 어울릴 것 같지만 막상 쨈으로 만들어 먹어보면 새콤달콤하고 아주 맛
있어요. 먹다 남긴 단호박과 밍밍한 오렌지를 설탕과 함께 뭉근하게 졸이면 빵에 발라 먹기 딱 좋
은 단호박오렌지쨈이 완성됩니다.

Ready {150㎖ 유리병 3개}
단호박 페이스트 350g, 설탕 80g, 오렌지즙(또는 오렌지주스) 200㎖, 레몬즙 15㎖

단호박 페이스트 넣고 갈기
오렌지즙과 단호박 페이스트를 섞은 뒤 핸드블렌더로 곱게 갈아주세요. TIP 1

끓이기 곱게 간 단호박 페이스트와 오렌지즙, 레몬즙, 설탕을 냄비에 넣고 중불로 끓여주세요.

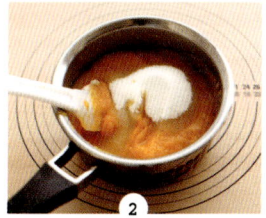

저어가며 끓이기 끓기 시작하면 20분간 천천히 저어가며 끓여 잼을 만들어주세요.

유리병에 담기 끓는 물에 소독해둔 유리병에 완성된 잼을 담아주세요. TIP 2

TIP 1 단호박 페이스트는 사용할 분량보다 약간 더 많은 양의 단호박을 계량해 전자레인지나 찜통에 넣고 익혀 노란 속만 긁어낸 뒤 핸드블렌더로 곱게 갈아 페이스트 상태로 만들어 사용해주세요.

TIP 2 잼을 보관할 때에는 반드시 유리병을 끓는 물에 거꾸로 세워 소독한 뒤 물기를 완전히 말려서 사용해야 해요. 뜨거운 잼을 바로 유리병에 담고 뚜껑을 꽉 닫아 거꾸로 세워 완전히 식혀야 공기가 들어가지 않아서 오랫동안 보관할 수 있어요.

Dessert

레몬향살구쨈

초여름이 되면 맛도 좋고 색도 예쁜 제철 살구가 여기저기서 쏟아져 나와요. 이 시기에는 달콤한 향이 은은히 퍼지는 살구를 구입해서 사시사철 즐길 수 있도록 쨈을 만들어보세요. 레몬을 더해 쨈을 만들면 한 가지 재료로만 만드는 것보다 훨씬 맛있답니다.

Ready {150㎖ 유리병 3~4개}

살구 17~20개(750g), 설탕 350g, 레몬 2개(레몬제스트 15g, 레몬즙 35g)

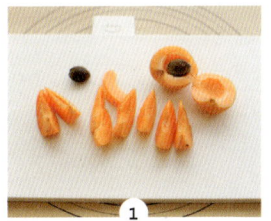

살구 준비하기 살구는 이등분해서 씨를 제거하고 껍질째 작게 썰어주세요.

건더기와 즙 분리하기 하룻밤 정도 냉장한 재료를 꺼내 종이호일을 걷어내고 체에 걸러 건더기와 즙을 분리한 뒤 즙만 냄비에 넣어주세요.

레몬제스트, 레몬즙 준비하기 레몬은 그라인더나 강판으로 노란 껍질 부분만 긁어 레몬제스트를 만들고, 남은 과육을 짜서 레몬즙을 만들어주세요. TIP 1

즙 끓이기 즙이 담긴 냄비를 5~10분간 저어가며 중불로 끓여주세요.

설탕에 버무리기 작게 썬 살구와 레몬제스트, 레몬즙, 설탕을 냄비에 넣고 버무려주세요.

건더기 넣기 체에 걸러뒀던 건더기를 넣고 15~20분간 저어가며 중불로 끓여주세요.

끓이기 버무린 재료가 담긴 냄비를 중불에서 한소끔 끓여주세요.

유리병에 담기 시판 잼보다 더 묽은 정도의 걸쭉한 상태가 되면 끓는 물에 소독해둔 유리병에 담아주세요. TIP 2

냉장하기 종이호일을 냄비 윗면에 덮어 재료의 표면과 맞닿게 한 뒤 식혀서 하룻밤 정도 냉장해주세요.

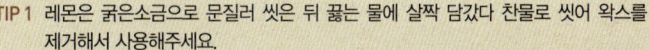

TIP 1 레몬은 굵은소금으로 문질러 씻은 뒤 끓는 물에 살짝 담갔다 찬물로 씻어 왁스를 제거해서 사용해주세요.

TIP 2 잼을 보관할 때에는 반드시 유리병을 끓는 물에 거꾸로 세워 소독한 뒤 물기를 완전히 말려서 사용해야 해요. 뜨거운 잼을 바로 유리병에 담고 뚜껑을 꽉 닫아 거꾸로 세워 완전히 식혀야 공기가 들어가지 않아서 오랫동안 보관할 수 있어요.

코코아셔벗

추운 날 마시는 따뜻한 코코아 한 잔은 추위에 떨고 있는 온몸을 녹여줘요. 달콤한 한 잔의 행복을 여름에도 누리고 싶다면 코코아셔벗을 만들어보세요. 단 두 가지 재료만으로도 맛있는 디저트를 맛볼 수 있답니다.

코코아믹스 60g, 우유 500㎖

코코아 만들기 우유를 냄비에 넣고 약불로 데운 뒤 코코아믹스를 넣고 섞어 코코아를 만들어주세요.

굵고 얼리기1 코코아가 절반 정도 얼면 꺼내서 포크로 골고루 긁어 섞은 뒤 다시 1시간 정도 냉동해 굳혀주세요.

코코아 식히기 가루가 보이지 않을 정도로 고루 섞이면 그대로 완전히 식혀주세요.

굵고 얼리기2 코코아가 절반 정도 얼면 꺼내서 골고루 긁어 섞은 뒤 다시 냉동실에 넣어 굳혔다가 긁는 과정을 두 번 정도 더 반복해주세요.
TIP

코코아 얼리기 식힌 코코아를 사각 용기에 넣고 1시간 정도 냉동해 굳혀주세요.

TIP 얼리고 긁는 과정을 반복하기 번거로울 때는 코코아를 얼음틀에 넣고 얼린 뒤 푸드 프로세서나 블렌더로 갈면 간편하게 만들 수 있어요.

망고셔벗

셔벗은 아이스크림과 달리 달걀을 넣지 않고 과일이나 코코아 등 단순한 재료만을 이용해서 만드는 게 특징이에요. 요즘 카페에서 인기 있는 망고셔벗을 집에서도 간단하게 만들 수 있는 방법을 소개합니다. 망고뿐만 아니라 좋아하는 과일을 이용해 다양하게 응용해보세요.

망고 1개(200g), 설탕 25g, 물 100㎖, 레몬즙 15㎖, 레몬리큐르 10㎖

시럽 만들기 물, 설탕을 냄비에 넣고 설탕이 녹을 정도로만 끓인 뒤 그대로 완전히 식혀 시럽을 만들어주세요. TIP 1

레몬리큐르 넣기 레몬즙이 고루 섞이면 레몬리큐르를 넣고 섞어주세요. TIP 2

망고 갈기 망고는 푸드프로세서나 핸드블렌더를 이용해 곱게 갈아주세요.

얼리기 레몬리큐르가 고루 섞이면 사각 용기에 넣고 1시간 정도 냉동해 굳혀주세요.

시럽 넣기 곱게 간 망고에 식혀둔 시럽을 넣고 고루 섞어주세요.

긁기 절반 정도 얼면 꺼내서 골고루 긁어 섞은 뒤 다시 냉동실에 넣어 굳혔다가 긁는 과정을 세 번 정도 반복해주세요.

레몬즙 넣기 망고와 시럽이 고루 섞이면 레몬즙을 넣고 섞어주세요.

TIP 1 망고 자체가 다소 부담스러울 수 있는 과일이기 때문에 좀 더 가볍게 즐기고 싶다면 시럽의 양을 늘려서 넣어주세요.

TIP 2 레몬리큐르가 없다면 넣지 않아도 괜찮아요.

볼 하나로 빠르고 간편하게 만드는
참 쉬운
원볼 베이킹